好懂易讀

淨零轉型第一本書

一次看懂淨零、碳中和、氣候中和、碳交易、SDGs、氣候變遷及能源轉型

好懂易讀

淨零轉型第一本書

一次看懂淨零、碳中和、氣候中和、碳交易、SDGs、氣候變遷及能源轉型

Contents
目錄

Chapter 2 圍繞脫碳議題的國內外行動及脫碳經營 page 35

Chapter 3 掌握能源使用的實際狀況及削減 page 69

Chapter 4 電力脫碳化 page 83

Chapter 5 脫碳、低碳能源的活用 page 123

Chapter 6 關注能源系統的變化 page 141

Chapter 7 新植造林、森林保護、CCUS、碳交易 page 169

前言

我幾乎每天都能從電視新聞聽到「脫碳」這個詞。

在 2020 年 10 月，當時的首相菅義偉在施政報告演說中，發表了 2050 年之前達成「淨零排放」的執行方針之後，脫碳進行的速度突然加快了。之後接任的首相岸田文雄也持續採用相同的做法，加快再生能源普及化，並與亞洲其他國家共同合作，積極推動脫碳計畫。

與此同時，民間企業也開始採取行動。以日本經濟團體聯合會「經團聯」為首的經濟團體宣布 2050 年實現淨零排放的脫碳願景，而其他各大型企業幾乎也都以脫碳化做為企業的願景。

這些為了實現脫碳化而採取的行動，難道只是國家及大型企業的責任嗎？事實上，無論企業規模大小、無論生產哪一種產品、提供什麼樣的服務，了解企業活動時所產生的溫室氣體排放量，並提出減少排放量的方法都是相當重要且必須的。我們可以說，脫碳化措施會左右企業價值的時代已經來臨。當企業缺乏脫碳作為與措施，投資者將會對該企業缺乏興趣，並進行撤資。另外，現在也已經是消費者能自行做出聰明選擇的時代了。有些人在換電力公司時，可能會選擇能提供再生能源的電力公司；購買汽車時，會選擇不會對環境造成影響的車款。認真思考脫碳社會，並且採取行動，這已經成為必須對未來負責的全體日本人之共同課題。

本書以淺顯易懂的方式說明脫碳社會的背景及理念，在說明企業做法的同時，也試著解釋消費者對環境保護應採取什麼樣的行動。至於脫碳技術及對策的細節就交給專門書籍，本書只會介紹脫碳社會的廣闊視野。如果本書能夠成為脫碳這條長遠旅程中的一個羅盤，那就太好了。

2022 年 2 月 代表作者

Technova 股份有限公司 丸田昭輝

導讀

淨零轉型初心者的最佳參考書

人類造成的全球氣候變遷與溫室氣體減量工作，是這個世代必須面對的問題，我們已經透過許多紀錄片、環境教育有了基礎概念，但是如果工作、研究所需要接觸到淨零轉型業務，則必須對國際氣候倡議的沿革、各種國際組織的工作乃至國內跨部門的各項業務有全盤地了解。本書第一章介紹大面向的氣候變遷議題，包含氣候變化綱要公約的各協定、聯合國永續發展目標（SDGs）、氣候財務揭露（TCFD）等國際倡議。第二章介紹各國政府、產業（包含金融、製造、建築、運輸等等）與民間社會的淨零動態。第三章介紹如何了解自身的能源使用狀況與進行節能。第四章介紹包含化石燃料、再生能源與核能的各種電力供應與使用端的脫碳化，其中也稍微介紹了日本電業自由化所帶來的改變。第五章介紹氫能、氨氣、生質能等低碳燃料的運用現況。第六章介紹能源系統如何朝淨零方向改革，如數位化與分散化等趨勢。第七章則是介紹除了上述的減碳方法之外，還可以進行的碳交易、碳捕捉制度。

淨零轉型政策需要跨學科的知識

以筆者自身經驗為例，筆者學生時期就參與環境運動，反對高溫室氣體排放量的工業區（國光石化）。當時（2005 年）京都議定書剛生效，環境運動關注的重點是避免大量溫室氣體增量；之後則是關注再生能源的發展，希望可以透過再生能源促進農漁村、原鄉部落的發展；而近年來關注國際重視的氣候金融議題。這些包含了污染的控制、電力結構的調整與管理、氣候轉型正義、企業社會責任等各方資訊與知識，是透過邊做邊學才逐步累積，在這本書中幾乎可以找到所有淨零轉型所需要的初步資訊。

我國淨零轉型政策包含「能源轉型」、「產業轉型」、「生活轉型」、「社會轉型」四大面向，需要跨學科的知識，而且必須四大面向齊頭並進才有可能達成目標。本書簡易的介紹氣候變化綱要公約關注主題的歷年演進，國際不同組織的主要任務、各類電力的特色、各種產業的淨零對策、各種能源管理的方式：包含國人仍有誤解的需量反應（DR）、虛擬電廠（VPP）的制度，還有生活中可以落實的淨零生活對策，都有完整地涵蓋，同時提及了國際關注的假減碳、漂綠問題。讀者可以透過本書獲得入門資訊，再按圖索驥鑽研更深入的知識，並且依據自己的需求或特色，擬定 / 參與淨零轉型的計畫。

淨零社會有許多新商機可以開創

日本與台灣同為環太平洋地震帶的島國，各種政策都可以做為台灣的借鏡，筆者自 2015 年開始推動綠能農村、部落之想法，則是來自日本 2013 年通過的《農山漁村再生能源法》。2015 年日本開始推動電業自由化之後，筆者也數次前往智慧能源展觀察發展趨勢，日本企業在電業自由化之後開創出多元的加值服務，比如說透過用電狀況分析，讓子女知道遠方家長的健康／作息狀態；或是與其他餐飲、旅宿、交通業者合作，擴大節能獎勵等，這些都是台灣參考的措施。

淨零與能源轉型是必須進行的路，過去如果要討論碳費等議題會被視為妨礙經濟發展，現在則是相反。把減碳視為經濟發展阻礙的年代已經過去，如同化石燃料的商機，淨零社會也有許多新的商機可以開創。唯有讓人民可以獲得各種減碳的紅利，才有可能推動淨零轉型。本書可以讓我們掌握氣候政策的背景、各產業正推動或是規畫推動的措施，我們可以在這基礎上去發展更因地制宜的淨零對策、商業模式。本書三位作者，藤本峰雄、松田有希、丸田昭輝任職於日本能源與科技智庫——Technova 能源研究部門，本書在日本獲得很高的網路評價，被譽為最易懂的教科書。我閱讀的時候也受益良多，感謝幸福綠光出版社將本書引進國內，推薦本書，給關心並有意投入淨零轉型的初心者。

陳秉亨

蠻野心足生態協會前理事長、台灣媽祖魚保育聯盟理事長

Chapter

1

脫碳社會是？

實現脫碳社會已經成為全球趨勢。讓我們一起了解什麼是脫碳以及為什麼需要脫碳社會吧！

Lesson 〔關於氣候變遷問題〕

01 氣候變遷問題及脫碳、碳中和

本課要點

幾乎每天都能從電視新聞聽到有關氣候變遷的話題。讓我們一起了解，氣候變遷問題與脫碳、碳中和之間的關係吧！

什麼是氣候變遷

氣候變遷（Climate Change）是不容忽視的議題。儘管有時也會被稱為全球暖化，但目前官方大多還是使用「氣候變遷」這個說法。

氣候變遷主要是因為人類活動，使得「溫室氣體」釋放到大氣層，導致地球表面溫度上升，進而促使氣候產生一連串變化，形成氣候變遷現象。

氣候變遷帶來的問題在 Lesson 3 會更進一步說明。簡單地說，當氣溫及海水溫度上升，南極與格陵蘭的冰河、冰床融化，海水會熱膨脹，海平面會上升，導致一些地區被淹沒。而氣象異常的頻率及嚴重程度提高，更會進一步對自然生態、生活環境及糧食生產等帶來莫大損害。

▶ 全球平均氣溫變化 圖表 01-1

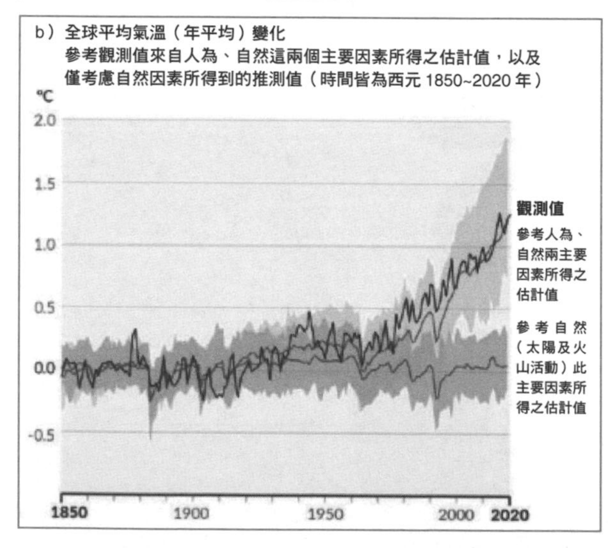

資料來源：氣象廳「IPCC AR6/WG1 報告書 以政策決定者為對象之要點（SPM）暫譯名（2021 年 9 月 1 日版）」
https://www.data.jma.go.jp/cpdinfo/ipcc/ar6/index.html

▶ 2020 年世界的主要異常氣象及氣象災害 圖表 01-2

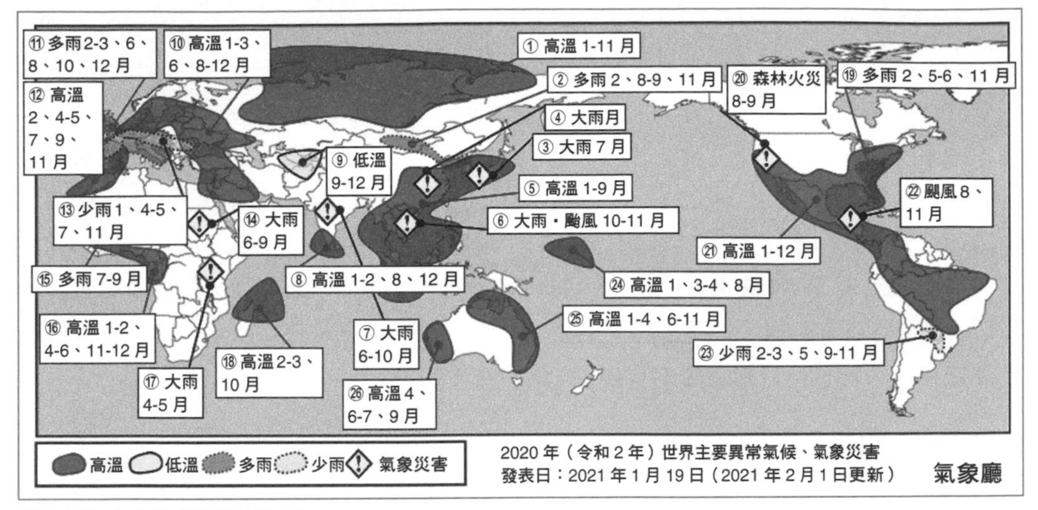

資料來源：氣象廳「世界異常氣候」
http://www.data.jma.go.jp/gmd/cpd/monitor/annual/

○ 氣候變遷的演變過程

二氧化碳（CO_2）是導致氣候變遷主要的溫室氣體。其他溫室氣體如甲烷（CH_4）、一氧化二氮（N_2O）、氫氟碳化物（HFC_S）等等（編注）。

溫室氣體會透過吸收、釋放從地表散發出的紅外線，讓地球表面溫度上升。溫室氣體越多，暖化效應就越強，氣溫也就會升高，而溫度升高則會帶來氣候變遷。

大氣中只有 410ppm（=0.041%）的二氧化碳，而甲烷、一氧化二氮、氫氟碳化物則更是少量。但即便是微量的，升溫效果還是非常地強。假設所有的溫室氣體都消失了，那麼地球的平均氣溫應該會降到零下 19℃吧。目前實際平均溫度大約是 15℃，換句話說，溫室效應相當於 34℃。

問題核心應該是，如果由二氧化碳構成的溫室氣體增加了，那麼溫室效應就會增加到 35℃、36℃。也就是說，平均溫度只要上升 2℃，氣候可能就會產生極大的變化。

編注：根據台灣《氣候變遷因應法》，台灣所管制的溫室氣體為：二氧化碳（CO_2）、甲烷（CH_4）、氧化亞氮（N_2O）、氫氟碳化物（HFC_S）、全氟碳化物（PFC_S）、六氟化硫（SF_6）、三氟化氮（NF_3）及其他經中央主管機關公告者

2021 年拿到諾貝爾物理獎的真鍋淑郎，是普林斯頓大學的首席研究員。獲獎者利用氣候模型說明，大氣中的二氧化碳濃度上升與地表溫度上升是具有關聯性的。這是 1960 年代的研究成果。

二氧化碳正快速增加中

據推估，在地球處於寒冷的末次冰期（約 2 萬 1000 年前）時，二氧化碳濃度大約是在 180ppm 左右，之後便持續上升。到了約莫 1850 年，二氧化碳的濃度到達 280ppm。在這數十萬年之間，二氧化碳濃度常年在此範圍內波動，因此可將 280ppm 視為正常範圍（圖表 01-3）。但是在那之後，大約只過了短短的 170 年，二氧化碳濃度就上升至目前的 410ppm，而且看起來二氧化碳並沒有停止增加。

目前二氧化碳增加的速度太快了。有報告指出，二氧化碳迅速增加的結果，使得地球的溫度已經比工業化之前（工業革命前）上升了 1.09℃。正如我之後會再稍做說明的，國際目標是將二氧化碳上升幅度控制在 1.5℃以內。

▶ 過去數十萬年間的二氧化碳濃度變化（假想圖）圖表 01-3

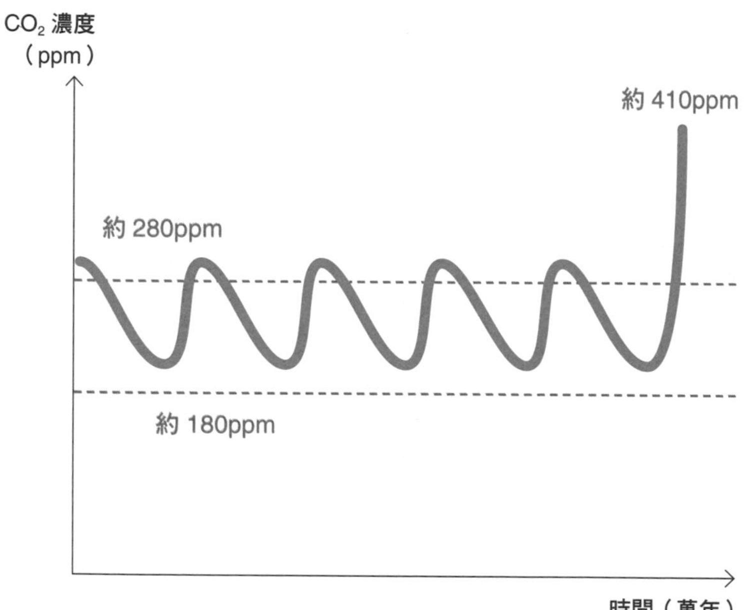

重點　平均溫度上升 1.09℃

以 1850 ～ 1900 年的全球平均溫度做為基準，2001 ～ 2020 年的平均溫度上升了 0.99℃；2011 ～ 2020 年的平均溫度則是上升了 1.09℃。

想推估全球平均溫度就必須充分觀察從 1850 年至 1900 年這個期間，我們從這個時期的平均溫度可推估出工業化前的近似值。

化石燃料讓二氧化碳增加

想抑制溫度上升，就要阻止溫室氣體繼續增加。那麼溫室氣體增加跟二氧化碳有何關係呢？溫室氣體主要由二氧化碳構成，所以二氧化碳增加表示溫室氣體也增加。

二氧化碳快速增加的主要原因，是化石燃料使用量大增。所謂化石燃料是指煤碳、石油、天然氣以及石油氣。石油氣是由死去的植物等在一定條件下，經過數千萬年、數億萬年所產生的物質（但也有石油起源與生物無關的說法）。

使用化石燃料時，可以以熱的形式大量產生能源，但此時化石燃料所含的碳（化學元素：C）會與氧（O_2）結合，轉化成二氧化碳（CO_2）。

- $C+O_2 \rightarrow CO_2$
- $CH_4+2O_2 \rightarrow CO_2+2H_2O$ 等

自從工業化之後，化石燃料的使用量大幅增加，這也導致被釋放到大氣中的二氧化碳也增加了（圖表 01-4）。

▶ 全球二氧化碳排放量之變化圖 圖表 01-4

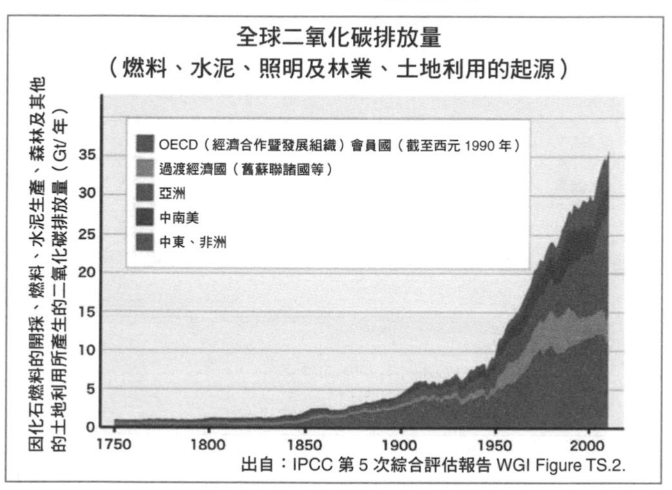

影像來源：防止全國全球暖化活動推進中心網站（https://www.jccca.org/）

以實現「脫碳社會」為目標

所謂脫碳，就是減少化石燃料的使用，讓以二氧化碳為主的溫室氣體能淨零排放。人類活動所產生的溫室氣體排放量幾乎為淨零排放的社會，就稱為「脫碳社會」。

大氣中，有一定數量的二氧化碳會被植物等吸收，也會有一定數量的二氧化碳被人為去除。像這樣將「吸收」、「去除」的量與排放量相互抵消，讓大氣中不會有氣體增加，這就稱為「淨零」。二氧化碳的 C 就是碳，用英文表示就是 Carbon。而二氧化碳等溫室氣體排放量能達到近乎為零就稱為 Carbon Neutral（碳中和）、Zero Carbon（脫碳），或者是 Net Zero Emissions（淨零排放）等。此外，還有一個用語 Climate Neutral（氣候中和），意思是對氣候不會造成影響。

脫碳、碳中和所指範圍

本課的最後，我們將會針對相關用語補充說明。脫碳與碳中和在定義上稍微有點模糊。脫碳的英文是 Decarbonization，是指減少二氧化碳的排放，尤其是要減少來自於化石燃料的二氧化碳排放。另外，脫碳與碳中和這兩個用語經常被交互使用。狹義的碳中和是指二氧化碳排放與削減或吸收等於零，但廣義的碳中和所包含對象則不侷限於二氧化碳，目前該定義（日本）也被廣泛運用。

實際上，在日本碳中和宣言修正之後（編注），《全球暖化對策促進法》對脫碳、脫碳社會等做出了定義，其定義即為圖表 01-5 所示，是指「廣義的脫碳」。如同本書，書中所指的脫碳、碳中和並不侷限於狹義的涵義，而是廣義的「讓源自於人為的溫室氣體能達到淨零排放」。

▶ 脫碳、碳中和的意思 圖表 01-5

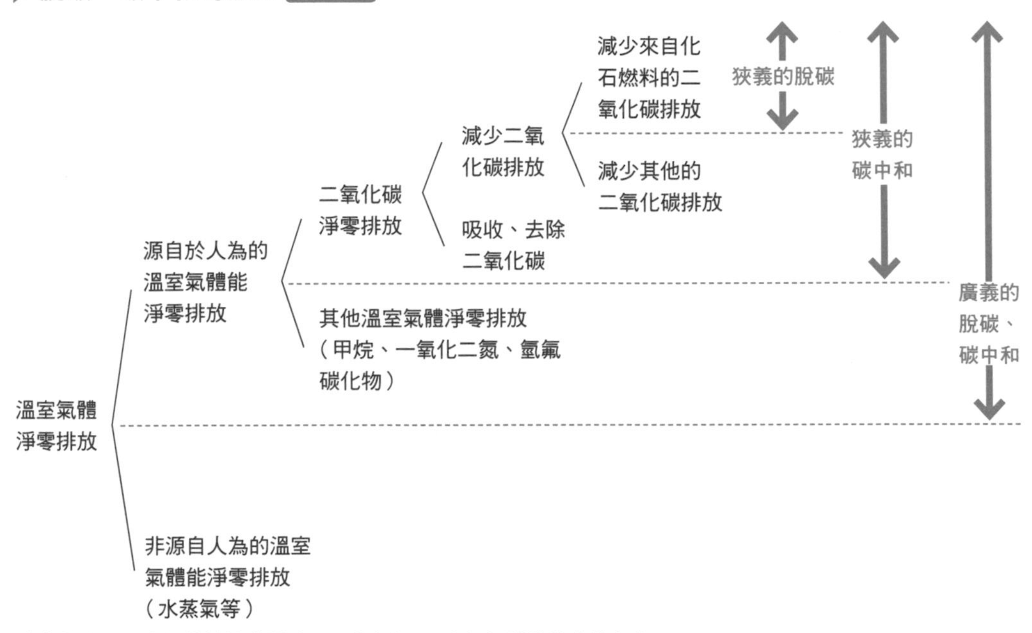

本書內容不限定在狹義的「脫碳」、碳中和」，也包括廣義的定義在內

重點　溫室氣體產生的水蒸氣

地球上會帶來最大溫室效應的就是水蒸氣。然而，二氧化碳增加會導致氣溫上升，這又將進一步使得水的蒸發變活躍並且增加。因此，水蒸氣與能受到人為控制的溫室氣體並不相同。

編注：日本國會參議院於 2021 年 5 月 26 日通過《全球暖化對策促進法》的修正案

Lesson 〔化石燃料〕

02 化石燃料的種類

本課要點

化石燃料包括在正常溫度及壓力下的煤炭、液態石油、氣態的天然氣及石油氣。每一種燃料都根據其特點來使用，現在讓我們來了解一下其基本特徵吧！

推動工業革命的煤炭

在開始使用煤之前，木材（木炭）被廣泛使用於燃料及製鐵，而船舶及建築物也需要木材，種種因素加劇了森林面積的縮減。18 世紀前期，因為焦爐製鐵法等等發明，使得煤炭使用量大增，木炭使用量變少。18 世紀後期展開的工業革命，需要大量燃料發電，此時煤炭恰恰滿足了社會發展對燃料的需求。煤炭雖然防止森林迅速消失，卻也導致現今二氧化碳大量增加。

此外，煤炭的使用也會產生空氣污染物質，如 SO_x（硫氧化物）及 NO_x（氮氧化物）、煤塵。

煤炭最大的優勢在於它的儲量豐富，因此價格穩定，且容易以低價購得。目前煤炭主要用做火力發電廠燃料及鋼鐵原料（圖表 02-1）。

▶ 煤炭的用途（國內，2019 年度）圖表 02-1

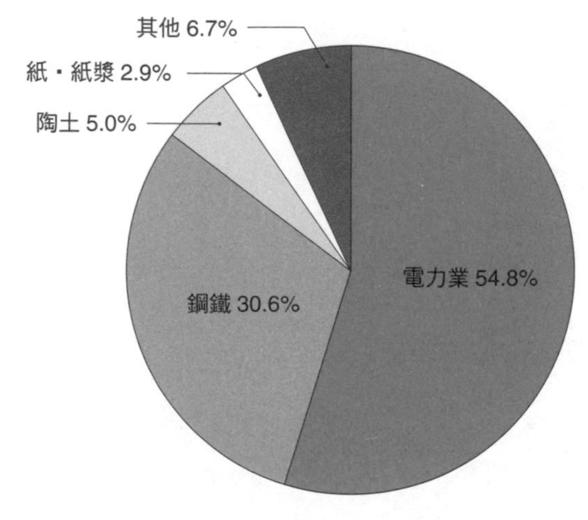

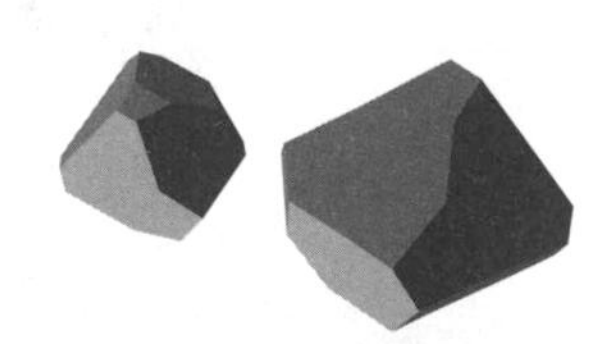

資料來源：日本能源經濟研究所「能源、經濟統計簡章（2021 年版）」，Technova 製作

NEXT PAGE ➔

有助於 20 世紀發展的石油

在煤炭之後成為主角的燃料是石油。從 19 世紀後期開始，美國與俄羅斯相繼發現了油田，於是吹起了石油風潮。19 世紀末到 20 世紀美俄（美蘇）相繼崛起，這讓人無法不去聯想他們的興起可能與發現石油並擴大使用有關。

液態石油使用方便，用途也相當廣泛。從油田開採的原油經過蒸餾、精煉之後，就能做成各種石油製品（圖表 02-2）。從歷史來看，最初的製品是煤油，它被用於電燈燃料；爾後汽油出現了，用途擴大到當做汽車燃料。1950 年代之後，中東及非洲等地也相繼發現油田，石油供應量因此大幅增加，人類對石油也更依賴。

1970 年代的兩次石油危機（Oil Shock），使得石油價格大漲，導致某些用途開始轉向，例如以煤炭及天然氣代替石油來做為火力發電廠的燃料等。但另一方面，以石油為中心能源及原料如汽油等，其做為運輸用燃料及化學用原料等用途，則持續至今（圖表 02-3）。和煤炭一樣，這也是二氧化碳增加的主要原因，硫氧化物及氮氧化物等的排放則同樣造成空氣污染。

▶ 石油製品種類 圖表 02-2

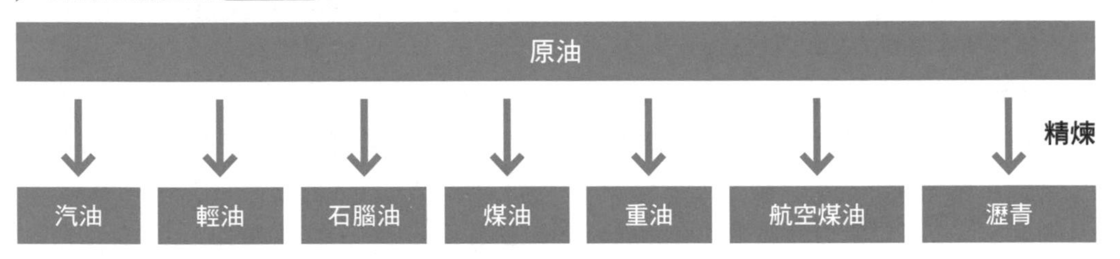

▶ 石油用途（日本國內，2018 年度）圖表 02-3

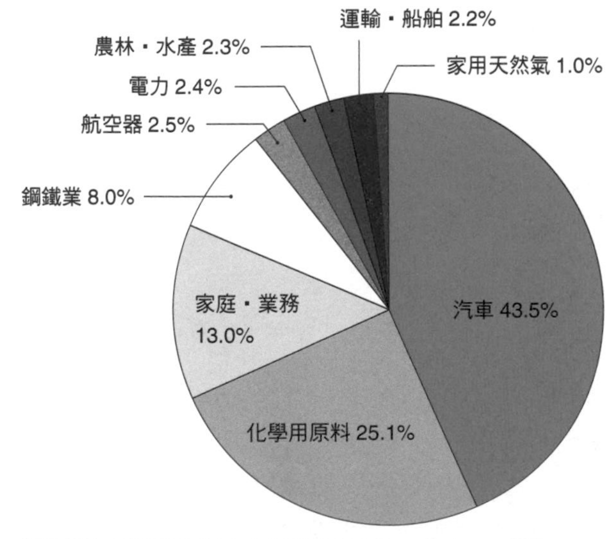

資料來源：石油聯盟「今日的石油產業 2020」，Technova 製作

二氧化碳排放量較低的天然氣及液化石油氣

天然氣是從地底釋放出的可燃性氣體，以甲烷為主要成分。在陸地上可以透過管線來輸送，但是在海上則要先冷卻至零下162℃，使其液化後再以液化天然氣（Liquefied Natural Gas，LNG）載運船來運送。由於液化過程中會將硫氧化物等去除，故能降低空氣污染的風險。在化石燃料中，天然氣的二氧化碳排放量相對較低，因此它逐漸替代了煤炭、石油的使用。石油氣則是伴隨著石油開採而釋放出來的。石油氣的主要成分有丙烷（C_3H_8）及丁烷（C_4H_{10}）。因為石油氣通常都會被液化，所以又稱為液化石油氣（Liquefied Petroleum Gas，LPG）。天然氣和液化石油氣都含有甲烷，甲烷是一種高效燃料，能產生相對高的熱度，但液化石油氣的二氧化碳排放量要比家用天然氣還多，所以使用率甚至比煤炭、煤油等石油製品低。

▶ 家用天然氣及液化石油氣 圖表 02-4

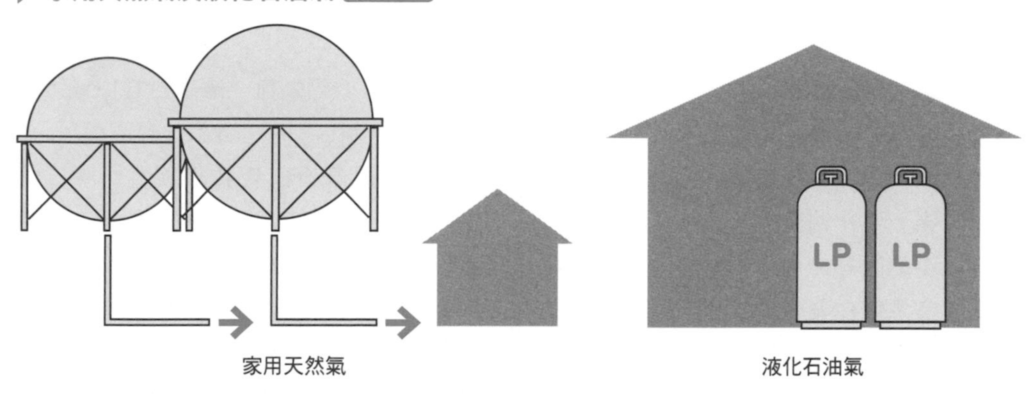

▶ 天然氣的用途（日本國內，2019 年度）圖表 02-5

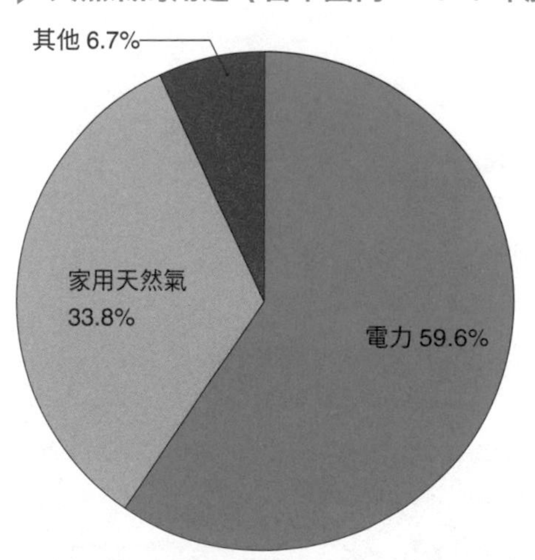

資料來源：資源能源廳「能源白皮書 2021」，Technova 製作

Lesson 〔氣候變遷的嚴重性〕

03 不實現脫碳社會，會有什麼後果呢？

本課要點

想要減緩氣候變遷，就必須設法脫碳。那麼，如果我們不實現脫碳社會，會發生什麼樣的狀況呢？讓我們一起來了解，氣候變遷會引發的問題吧！

氣候變遷所引起的各種問題

地球溫度上升，會導致南極與格陵蘭的冰河、冰床融化，接著使得海水熱膨脹，造成海平面上升，最後某些處於低窪地區的城市將遭到海水淹沒。出現極端乾燥氣候的地區可能因為水資源枯竭及乾旱，導致無法生產農糧作物的區域範圍擴大，又或者暴雨肆虐的地區經常得面對水災問題。

當氣象災害迫使人們居住地區、農地減少、水資源枯竭等，進而造成財產損失，那麼大家對資源的競爭就會加劇，紛爭也可能增加。而因為無法繼續住在原地，不得不四處避難或移居的難民也可能增加。

氣候變遷對健康的影響也相當大。高溫化、熱浪來襲頻率增加，不僅會導致中暑人數升高，其他如瘧疾等熱帶地區的疾病，也可能會擴大蔓延至其他地區。另外，氣溫上升會導致永久凍土融化，那麼未知病毒可能就此出現並傳播等，這些與傳染病有關的問題也是我們必須注意的。

▶ 氣候變遷伴隨而來的諸多問題 圖表 03-1

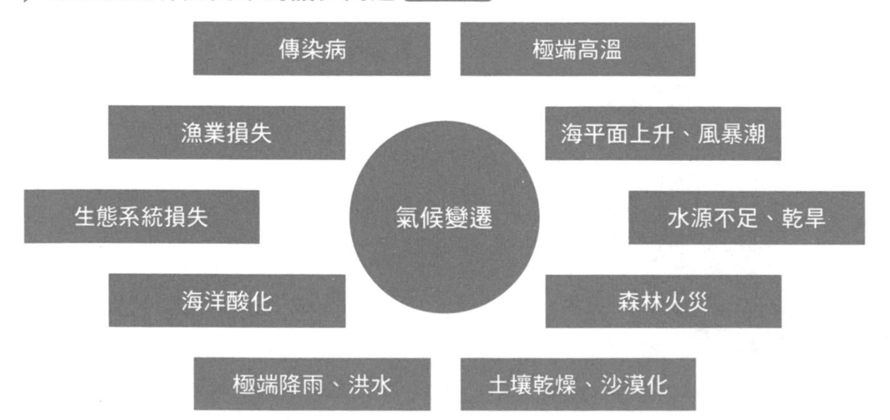

對世界經濟的打擊

氣候變遷對世界經濟也帶來了莫大的影響，單是氣象災害所造成的經濟損失就相當龐大。環境省指出，過去 20 年全球因氣象災害損失的金額高達 2.25 兆美金（約 250 兆日圓），20 年增加了 2.5 倍。另外從保險損害金額來看，與氣候相關的損害也增加了非常多。

由此狀況可預知，損害保險費將上漲。如果因為保險費過高而無法投保，那麼就無法彌補氣象災害所帶來的損失，如此一來，受災企業、個人的資產損失將變難以估計。

資產損失的範圍太大，不但會使企業活動停止，同時也有可能導致金融機構產生不良債權。當金融系統不穩定時，經濟損失金額恐怕會大幅增加。

可能無法恢復原狀

過去 1 萬多年來，氣候一直很穩定，跟之前冰河期相比，氣候變得溫暖而且溫度波動也較少。穩定的氣候是人類安居樂業、發展文明所不可或缺的條件。

然而，隨著氣溫急速上升，氣候也可能會失去其穩定性。極端的氣候變化恐怕會帶來難以預測的結果。不僅如此，更會讓我們擔心地球是否已經面臨氣候模式（Climate Mode）變化的臨界點、平均溫度是否快要上升超過 1.5℃了。

未來高溫化的狀況可能比現在更明顯、氣候不穩定將會造成各面向影響，種種狀況都可能會對糧食生產帶來重大影響。

南極與格陵蘭的冰床如果開始融解，那麼幾千年也不可能恢復原狀。從不可逆的變化到現在的氣候失衡，一旦進入新的氣候模式，恐怕就無法再恢復到原本的狀態。

重點 重點 Carbon Budget（碳預算）

所謂的碳預算是指，以「將溫度上升幅度控制在某程度」為目標，衡量可接受溫室氣體累積的排放量（過去排放量＋今後排放量）之上限值。例如溫度上升幅度想控制在 1.5℃，估計碳排放量為 5,000 億噸左右。以 2019 年的世界碳排放量來推算，相當於 12 年的排放量。因此，在 2020 年代來說，將來 10 年碳排放量的控制至關重要。

Lesson 〔脫碳的做法〕

04 要如何實現脫碳社會？

本課要點

現代生活非常仰賴化石燃料。在這種狀況下，我們該如何實現脫碳社會呢？基本要從能源使用、原料脫碳化以及二氧化碳回收開始做起。詳細內容在 Chapter 3 之後會說明，這裡我們先進行概述。

能源使用的脫碳化

人類大部分的能源來自化石燃料，由於從現在起我們更需要避免排放二氧化碳，為此，需要提高能源使用效率，並減少不必要的能源使用（請見 Chapter 3）。

然後，「在不排放二氧化碳的情況下，就能發電」這點也很重要。像是發電時，以再生能源替代化石燃料（請見Chapter 4）。

此外，使用氫氣及氨氣等這一類不含碳的燃料，或是使用能達到二氧化碳淨零排放的生質燃料也相當重要（請見Chapter 5）。

另外，如果希望主要以再生能源或是新燃料來發電，就需要發展基礎設施（請見 Chapter 6）。

▶ 能源利用脫碳方法 圖表 04-1

為讓電力及燃料脫碳，需要發展基礎設施

原料的脫碳化

除了能源使用之外，鋼鐵、化學製品（塑膠等）以及水泥等原料的製造也會產生大量二氧化碳（圖表 04-2）。

由於製造鋼鐵時，需要使用煤（焦炭）來還原氧化鐵（從鐵去除掉氧），會釋放大量的二氧化碳。因此，出現一種使用氫氣代替焦炭的「氫氣還原製鐵」法。

塑膠製造會使用石腦油（輕油，一種石油製品）做為原料，另外也有以生質能（來自於植物等的物質）來替代石腦油（輕油）的做法。

水泥是混凝土的材料之一。混凝土使用在住宅、大樓、工廠、水庫、橋梁等各種建築物、結構上。製造水泥雖然不會使用化石燃料，但在分解水泥的原料石灰石時，會釋放出大量的二氧化碳。因此，人類正在積極尋求方法，使混凝土能夠吸收二氧化碳。

▶ 原料的脫碳化 圖表 04-2

原料	CO_2 主要排放源	脫碳的做法（例）
鋼鐵	煤（焦炭）	氫氣還原製鐵
化學製品	石油（石腦油）	生物基塑膠（Bioplastic Plastic）
水泥	石灰石 ※	混凝土吸收 CO_2

※ 石灰石不是化石燃料，但分解時卻會釋放出二氧化碳

二氧化碳的回收

即使產生二氧化碳，只要沒有釋放到大氣中，就能避免大氣中二氧化碳增加。因此，有種方法能在火力發電廠、工廠、垃圾處理場等廢氣排放過程中，捕獲並固定二氧化碳的排放量。另外還有各種不同方法正在研發中，例如將捕捉回收的二氧化碳封存至地層（CCS），或是讓二氧化碳成為燃料及化學品等有用物質的原料（CCU）等方法，上述這些方法會在 Chapter 7 說明。

▶ CO_2 的回收假想圖 圖表 04-3

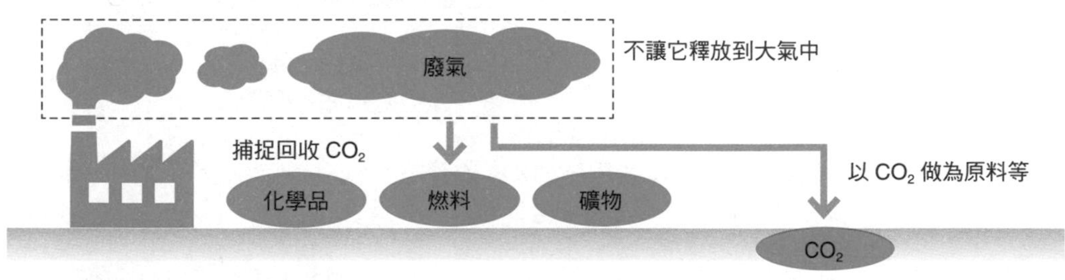

不光是廢氣中的二氧化碳，其他例如回收大氣中的二氧化碳，保護、擴大森林等二氧化碳吸收源，都是必須的（請見 Chapter7）

Lesson 05 〔脫碳潮流①〕

SDGs

本課要點

2015 年聯合國高峰會通過了永續發展目標（SDGs）。永續發展目標是人類共同目標，與脫碳有著密切關係。為了達成 SDGs，脫碳是不可或缺的重要手段。

SDGs 的 17 項目標

2015 年 9 月聯合國高峰會議簽署了《2030 永續發展議程》，訂定了永續發展目標（Sustainable Development Goals，以下簡稱 SDGs）共 17 項，以做為全球至 2030 年間的永續發展國際指導原則。SDGs 的內容是以人類共同目標「No one will be left behind（沒有人會被遺漏）」的誓言為基礎。

▶ SDGs 的 17 項目標 圖表 05-1

資料來源：聯合國資訊中心網站
https://www.unic.or.jp/activities/economic_social_development/sustainable_development/2030agenda/

「永續發展」的概念早在 SDGs 前就被提出。從 1980 年開始便在全世界流傳。1992 年的地球高峰會（里約高峰會）之後，在日本更廣為人知。

與氣候變遷相關的目標

在 SDGs 中，與氣候變遷有關的目標分別是目標 7「可負擔的潔淨能源」和目標 13「氣候行動」（圖表 05-2）。

然而，廣泛來說，SDGs 與氣候變遷的關係並不只有這些。氣候變遷也與目標 1「消除貧窮」、目標 2「消除飢餓」及目標 10「減少不平等」等有關。因為受氣候變遷影響最大的就是因貧窮、飢餓而感到痛苦的人，以及因遭受不平等待遇而痛苦的人們。人們擔心氣候變遷，將為糧食生產及水資源等帶來嚴重影響，而這將進一步導致貧窮、飢餓和不平等現象擴大。

我再重申一次，SDGs 是所有人類在 2030 年之前需要完成的共同目標。為了解決氣候變遷問題，努力脫碳是人類共同的挑戰。

▶ 與氣候變遷相關的 SDGs 目標 圖表 05-2

目標	內容
1「消除貧窮」	各地一切形式的貧窮
2「消除飢餓」	消除飢餓，確保糧食安全，改善營養狀況和促進永續農業
7「可負擔的潔淨能源」	確保所有人都能取得負擔得起、可靠和永續的現代能源
10「減少不平等」	減少國內和國家之間的不平等
13「氣候行動」	採取緊急措施應對氣候變遷及其衝擊

資料來源：外務省「永續發展目標（SDGs）及日本做法」

SDGs 與企業活動

企業為了實現 SDGs，可能會對其相關行動抱持期待，但同時也感受到壓力。例如「企業理當追求利潤。追求公共利益的應該是政府及非營利組織（NPO）」、「光是雇用人力工作就已經貢獻良多了」等論點，現今不光是行政機關及非營利組織難以接受，就連消費者、客戶、股東及金融機構，恐怕也都難以認同。

針對「永續發展」，政府將之描述為「能滿足當今世代需求，而同時不損及未來需求的發展」。可見，不管公司經營還是事業拓展，都應該站在長遠角度考量以設法滿足社會需求。

Lesson 〔脫碳潮流②〕

06 巴黎協定

本課要點

氣候變遷是全球現象。因此，聯合國設定了國際目標。在《巴黎協定》中設定了 2020 年之後的中長期目標。讓我們一起了解 1.5℃目標、各國目標，還有針對氣候變遷採取行動所帶來的緩解及調適。

不夠完善的京都議定書

在《巴黎協定》之前，與氣候變遷議題有關的協定是《京都議定書》。這是世界上第一個致力於減少溫室氣體排放的協定，可惜儘管協定本身具有劃時代意義，但卻在不夠完善的狀況下結束。

在第一承諾期（2008 ～ 2012 年），所有已開發國家被要求溫室氣體排放量相對於 1990 年需減少 5%（日本為 6%），而如中國等被歸類為開發中國家，卻不受溫室氣體排放限制與規範。此外，針對各締約國也有不同排放量的控管要求。當時世界最大溫室氣體排放國的美國，因對設定目標有異議，最終選擇退出此協定。

儘管日本藉由減少海外溫室氣體排放的貢獻來達成目標，但還是主張「應該建構出有美中等主要經濟大國參與的新框架」。最後日本也並未參與第二承諾期（2013 ～ 2020 年），俄羅斯、加拿大及紐西蘭等國同樣也未參與。參與第二承諾期的有歐盟及澳洲等國。沒有參與第二承諾期的國家，則以坎昆協議（2010 年通過）為制定排放減量目標的基礎。至於後來的《巴黎協定》，其目標內容適用於所有國家。

2011 年國際間有了決議，要在 2015 年之前商定「所有國家都參加的新框架」，於是花費 4 年時間進行協調。2014 年，美中達成協議，讓新框架成形的機率大為提升。

○《巴黎協定》的 1.5℃目標及各國目標

《巴黎協定》在 2015 年通過，是一份與 2020 年之後氣候變遷問題有關的協定。全球所有國家，包括開發中國家在內，一致同意訂定減少溫室氣體排放量之目標。《巴黎協定》中闡述，全球平均氣溫升幅要控制在 2℃以內，並且應努力追求讓氣溫上升幅度抑制在 1.5℃以內，並以此做為全球共同的長期目標。此後，大家普遍認知氣溫上升 2℃與上升 1.5℃，對於氣候變遷所帶來的影響差距甚大。現在，「1.5℃目標」被視為共同目標（請見 Chapter 7 專欄「2021 年的 COP26 決定」）。

另一方面，在《巴黎協定》中，各國目標稱為「國家自訂貢獻（NDC）」。因為是各國自行決定，所以設定標準及目標水準各有不同（圖表 06-1）。從 2030 年目標來看，各國的基準年也不相同，例如歐洲的基準年是 1990 年、北美是 2005 年、日本則是 2013 年。其它新興國家、開發中國家，例如中國、印度等則以國內生產毛額（GDP）成長與溫室氣體基線（Business As Usual，BAU）狀況來設定減少排放量。從上述來看，可以知道即使各國達成自行設定的目標，全球溫室氣體總排放量還是有可能增加。也就是說，即使將所有國家的目標累計，還是無法實現與 1.5℃目標一致的減排量，因此聯合國一有機會就會催促各國提高目標。

▶ 各國目標 圖表 06-1

國家、地區	2030 年的溫室氣體（或 CO_2）排放量減少目標	淨零達成目標年[*1]	CO_2 排放量占全世界之比例（2018 年）
中國	・CO_2 排放量達到高峰 ・平均 GDP 的 CO_2 排放量△ 65%（2005 年相比）	2060 年	28.4%
美國	・△ 50 ～ 52%（2005 年相比）	2050 年	14.7%
歐盟	・△ 55%（1990 年相比）	2050 年	9.4%[*2]
印度	・平均 GDP 的 CO_2 排放量△ 33 ～ 35%（2005 年相比）	2070 年	6.9%
俄羅斯	・△ 30%（1990 年相比）	2060 年	4.7%
日本	・△ 46%（2013 年相比）	2050 年	3.2%
韓國	・△ 40%（2018 年相比）	2050 年	1.8%
加拿大	・△ 40 ～ 45%（2005 年相比）	2050 年	1.7%
印尼	・BAU 相比△ 29%（無條件） ・BAU 相比△ 41%（有條件）[*3]	2060 年	1.6%

＊1：也包括未記載於國家自訂貢獻的目標
＊2：包括退出前的英國
＊3：所謂有條件是指，國際資金的支助及進行技術移轉，或者是決定有助於減少排放量的國際規定等
資料來源：UNFCCC（聯合國氣候變化綱要公約）秘書處網站等，Technova 製作

達成 1.5℃目標的可能性

達成 1.5℃目標的可能性有多高呢？其實，如果依現狀持續發展下去，達標應該是相當困難吧！

為了達成 1.5℃目標，在 2030 年之前，溫室氣體的排放量必須減少至 2010 年排放量的一半左右（減少 45%），而 2050 ～ 2060 年間則必須零排放。日、美、歐洲所設定的目標都是基於這些數值。但分析各國截至 2021 年 7 月之前所提出的減排目標，我們可得知，到了 2030 年溫室氣體排放量會增加約莫 16%。這結果應該是受到如中國、印度等國家，二氧化碳排放量不斷增加的影響。然而這些國家卻主張，多年以來那些長期排放大量溫室氣體的國家已躋身為已開發國家之列，要求兩造減排目標設定一樣是不公平的。為提高生活水準，每個人都需要使用能源，因此找到便宜、足夠的能源刻不容緩，尤其是對人口快速增加的國家來說，能源問題更是不容小覷。在這種情況下，要拉近與目標之間的差距並不簡單，因此更需要各國和國際社會竭盡全力努力。

▶ 圍繞氣候變遷溝通議題的有趣動畫 圖表 06-2

京都議定書篇（1’23”）

巴黎協定篇（1’37”）

動畫製作者 CICERO 是挪威政府設立的研究機構
動畫公開時俄羅斯、印度還未做出淨零排放宣言

資料來源（左）：CICERO klima「The History of Climate Change Negotiations in 83 seconds」（2012 年 11 月 19 日公開）
https://www.youtube.com/watch?v=B11kASPfYxY
資料來源（右）：CICERO klima「The Paris Agreement-in 97 seconds」（2020 年 12 月 9 日發布）
https://www.youtube.com/watch?v=qfAeoBGS3Ek

由於各國 2030 年減排目標的基準年都不同，使得目標設定變得比較複雜。已開發國家通常以 2010 年為基準，設定減排溫室氣體 40% 至 50%。但與此同時，世界最大二氧化碳排放國家中國，將目標設定在 2030 年之前，實現二氧化碳排放量達到顛峰「碳達峰（Carbon Peak）」，與已開發國家之間存在著明顯的差距。

減緩與調適

因應氣候的變遷，有「減緩」與「調適」兩種做法（圖表 06-3）。

「減緩」是指抑制氣候變遷速度。為此，設立了 1.5℃目標、各國減少溫室氣體及實現脫碳社會等目標。

而所謂「調適」是指應對氣候變遷的影響。為了因應氣候變遷已經造成的影響，以及將來不可避免的影響，我們必須想出因應對策。具體來說如氣候風險資訊共享、面對天氣災害採取的防災措施，以及減少天氣災害等。《巴黎協定》中規定，各國應針對提升調適能力、加強氣候變遷抵禦能力、降低脆弱性等，設定目標並採取行動。

儘管本書內容著重在為實現脫碳社會而採取的「減緩」方法，但面對氣候變遷無法避免的影響，「調適」也是不可或缺的。

▶ 氣候變遷及調適關係 圖表 06-3

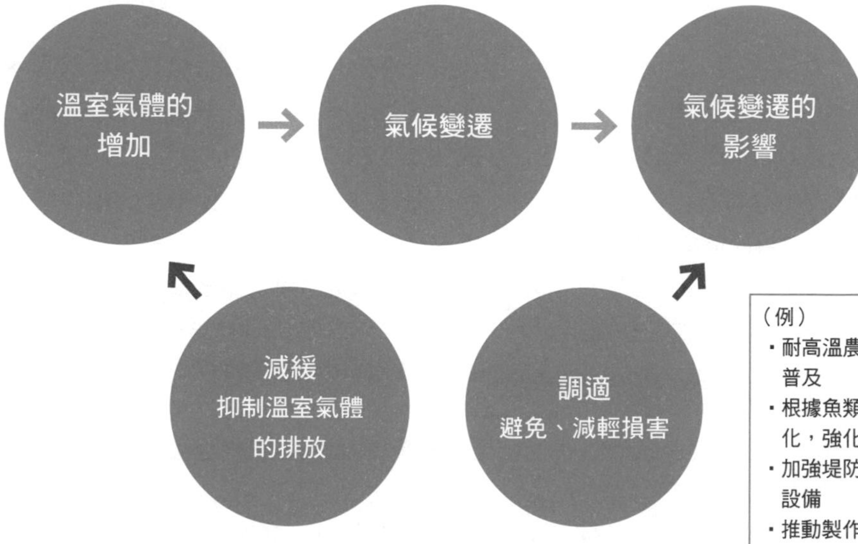

（例）
- 耐高溫農作物的開發及普及
- 根據魚類分布區域變化，強化魚場設備
- 加強堤防、防洪系統等設備
- 推動製作災害預測圖
- 推動預防中暑對策

資料來源：環境省「ECOJIN（2018 年 8、9 月號）」記載內容，Technova 製作

重點 既使達成 1.5℃目標，氣候變遷的影響仍無法避免

即使達到 1.5℃的目標，氣候變遷所帶來的影響還是無法避免。而溫度上升超過 1.5℃，以及上升 2℃或上升 4℃，所帶來的影響差別顯著。因此我們既需要盡可能做到抑制氣溫上升的「減緩」，同時又得採取「調適」來對應難以避免的影響。

Lesson 07 〔脫碳潮流③〕

民間企業參與的國際倡議

本課要點

還有民間企業參與的國際倡議。儘管主要是大企業參與，然而這些倡議也架構了一套國際標準。即使沒有參與，也應該關注其動向。

Race to Zero 活動

2020 年 6 月，負責《巴黎協定》的 UNFCCC（聯合國氣候變化綱要公約）秘書處啟動了 Race to Zero（奔向淨零）活動。呼籲世界各地的企業、地方政府、投資人乃至大學等，能在 2050 年之前實現溫室氣體淨零排放。

全球超過 4,000 個都市、地區、企業、大型投資機構和高等教育機構等參與這項活動，這些參與者的總排放量占全球二氧化碳排放的 25%（截至 2021 年 6 月 3 日），他們承諾在 2050 年前實現淨零排放的目標。日本方面日產汽車、日立製造所、丸井集團、三菱日聯金融集團等企業及東京都、東京大學等多數機構皆參與其中。

▶ 日產汽車宣布參加 Race to Zero 活動 圖表 07-1

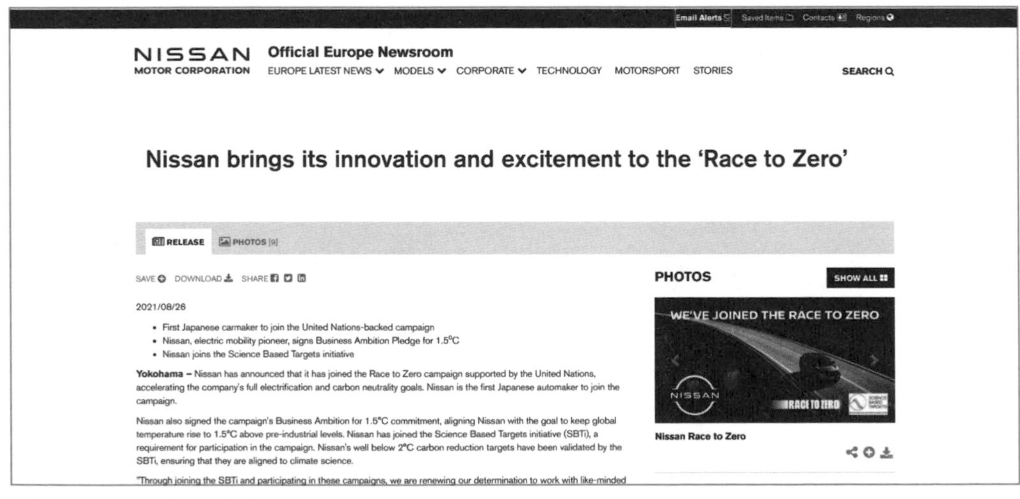

Email Alerts　Saved Items　Contacts　Regions

NISSAN MOTOR CORPORATION　Official Europe Newsroom

EUROPE LATEST NEWS　MODELS　CORPORATE　TECHNOLOGY　MOTORSPORT　STORIES　SEARCH

Nissan brings its innovation and excitement to the 'Race to Zero'

RELEASE　PHOTOS [9]

SAVE　DOWNLOAD　SHARE

2021/08/26

- First Japanese carmaker to join the United Nations-backed campaign
- Nissan, electric mobility pioneer, signs Business Ambition Pledge for 1.5°C
- Nissan joins the Science Based Targets initiative

Yokohama – Nissan has announced that it has joined the Race to Zero campaign supported by the United Nations, accelerating the company's full electrification and carbon neutrality goals. Nissan is the first Japanese automaker to join the campaign.

Nissan also signed the campaign's Business Ambition for 1.5°C commitment, aligning Nissan with the goal to keep global temperature rise to 1.5°C above pre-industrial levels. Nissan has joined the Science Based Targets initiative (SBTi), a requirement for participation in the campaign. Nissan's well below 2°C carbon reduction targets have been validated by the SBTi, ensuring that they are aligned to climate science.

"Through joining the SBTi and participating in these campaigns, we are renewing our determination to work with like-minded

PHOTOS　SHOW ALL

Nissan Race to Zero

資料來源：日產汽車新聞稿（2021 年 8 月 26 日）
https://europe.nissannews.com/en-GB/releases/nissan-race-to-zero#?&&

RE100

RE100 是一項意旨電力 100% 來自再生能源的國際倡議，為相當著名的脫碳策略。

加入 RE100 必須公開承諾「在 2050 年前，企業活動所使用的電力必須是再生能源」。全球有超過 300 間企業參加，包括 Microsoft（微軟）、Apple（蘋果）、Google（谷歌）、Meta（舊名：Facebook）、IKEA（宜家家居）、Bloomberg（彭博社）、GM（通用汽車）、Tata Motors（塔塔汽車公司）等（編注）。日本企業包括 2017 年 4 月參加的 Ricoh Company（理光）在內，共有 63 間企業團體加入（截至 2021 年 12 月 31 日）。積水房屋株式會社、ASKUL、大和房屋工業股份有限公司、和民集團、永旺集團、城南信金、丸井集團、富士通、ENVIPRO HOLDINGS、SONY 集團、芙蓉綜合租賃株式會社、Coop Sapporo 等都是會員。另外日本環境省及防衛省也以顧問的身分參與，並支援該項目。

TCFD

TCFD 中文為「氣候相關財務揭露（Task Force on Climate-related Financial Disclosures）」，是 G20（20 個主要國家的高峰會議）要求 FSB（金融穩定委員會）成立的氣候相關財務揭露工作小組。設立的主要目的為商討氣候相關資訊之公開及金融機構之因應。TCFD 在 2017 年 6 月公開發表了報告書，促使企業揭露有關的氣候變遷風險及機會（圖表 07-2），報告書強調進行「情境分析」，以更全面的角度揭露各種氣候相關風險對業績和財務狀況的影響，並將其結果反映在財務報表中。

超過 2,900 家以上的企業和機構簽署支持 TCFD，其中，日本企業及機構的贊成數（670）是各國中最多的（截至 2021 年 12 月 31 日）。

▶ 氣候變遷相關風險及機會的公開項目 圖表 07-2

- **治　　理：** 檢討應採取怎樣的組織架構，是否有反映在企業經營與管理上
- **策　　略：** 了解氣候議題在短期、中期、長期上，對企業經營帶來怎樣的影響，並對此提出想法與應對策略
- **風險管理：** 有關氣候變遷的風險如何鑑別與評估，組織是否嘗試降低風險？
- **指標與目標：** 使用哪些指標來評估風險與機會，衡量目標實現進展的指標又是什麼？

資料來源：TCFD 聯盟網站

編注：台灣 RE100 成員包含台達電、台積電、聯華電子、世界先進、玉山金控、富邦金控等，至今共計 32 家

CDP（碳揭露計畫）

CDP 為獨立的非營利組織（NGO），總部設置於倫敦。該組織的宗旨在於鼓勵企業揭露氣候變遷、水資源、森林等相關資訊（2022 年起，預計會增加生物多樣性這項目，編注）。CDP 以退休金基金等的專業機構投資人代理人之身分，定期向全球各大企業（日本是市值前 500 大企業）寄送問卷調查，並對調查結果進行揭露和評級。對投資人來說，其優勢在於能利用公開的資訊及評級做為投資決策的指標。

問卷提交並非強迫性，企業可自行決定是否要回覆問卷，若回覆不失為幫公司爭取到一個宣傳的機會。相反，若選擇不回覆問卷，投資人可能就會降低對其評價。

▶ CDP 網站 圖表 07-3

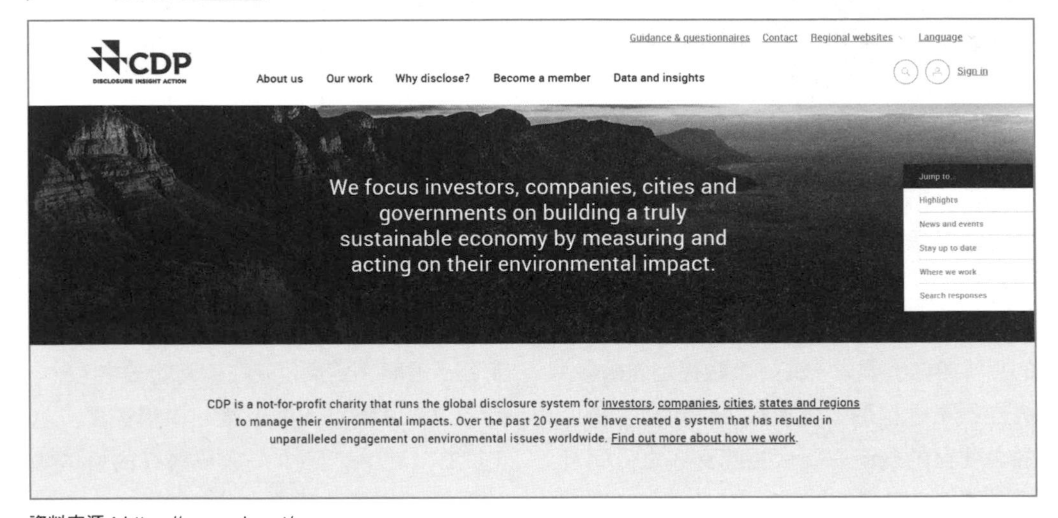

資料來源：https://www.cdp.net/en
編注：2023 年又再納入「塑膠」這個項目。

2021 年，拿到 CDP 氣候變遷 A 級的日本企業有 56 家。獲得 A 級企業評級意味著在氣候變遷的「資訊揭露」、「理解」、「經營管理」、「領導」所有項目，都獲得相當高的評價。

○ SBT

SBT（Science Based Targets，科學基礎減量目標）意旨在符合《巴黎協定》長期目標為基準下，藉由科學基礎及方法制定出企業溫室氣體排放目標。SBTi（Science-Based Targets initiative，以科學為基礎的減量目標倡議）組織則是由 CDP 等 4 個具代表性的國際組織所共同發起。SBT 可透過 SBTi 所提供的框架與認證來進行目標審核。當企業所提交的 SBT 審核通過，代表企業所建立的減排目標是符合最新氣候科學標準的，有助於投資人評價企業。

SBT 要求減少供應鏈的二氧化碳排放量（排放量總額是指與業務活動相關的所有排放量，不單單只計算企業本身業務活動的排放量）。因此，它影響的不僅僅是參與審核認證的企業，還有供應鏈中涉及的其他企業。關於對供應鏈的影響在 Chapter 2 會提到。

▶ SBT 網站 圖表 07-4

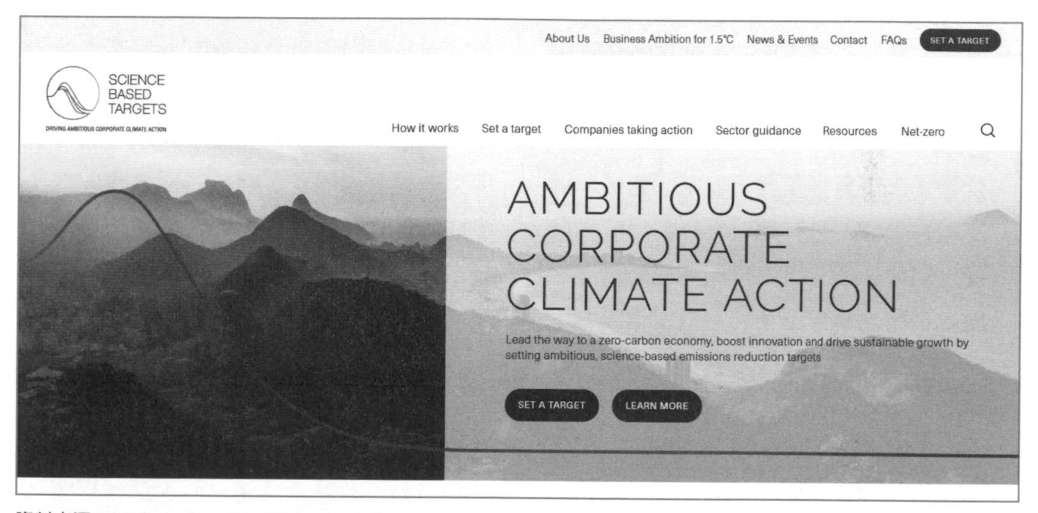

資料來源：https://sciencebasedtargets.org/

重點　適合中小企業的 SBT

中小企業也能取得 SBT 的認證。此制度下中小企業的定義是員工人數未滿 500 名、非子公司，且必須是獨立企業才可以。適合中小企業的 SBT，條件比較寬鬆，並不以供應鏈排放量為減少目標的對象。除此之外，申請流程也相對簡化。

環境省經營管理的「綠色供應鏈平台」中，列出許多取得適合中小企業 SBT 的企業實例。

▶「綠色供應鏈平台」中小企業 SBT，RE100 實例

https://www.env.go.jp/earth/ondanka/supply_chain/gvc/case_smpl_chusho.html

專欄

關於氣候變遷議題的爭議

氣候變遷問題真的存在嗎、是人類活動造成的嗎？對於氣候變遷也有人持存疑態度。在各種不同意見當中，我們應該採取什麼的觀點呢？

對於日本民眾的調查結果，顯示超過九成的受訪者覺得氣候發生異常，超過五成的人認為全球暖化就是原因，同時也認為這和人類活動有關係。與此同時我們從以上比例反推，可以得知也是有一部分人認為氣候異常並不全然與全球暖化，或者是人類活動有關。

要預測未來氣候變遷是非常困難的。即使是科學家，也有難以掌控或理解的狀況，因此一般上班族對此抱持著懷疑態度也不足為奇。但我們可以僅僅因為這一切存在著不確定性，就不採取任何對策嗎？

當情況確定之後才採取行動，恐怕為時已晚。有一種想法稱為預先防範辦法。「……當環境存在著嚴重或不可逆的損害威脅時，不得以缺乏充分科學證據做為理由，延緩採取能夠防止環境惡化，具有成本效益之措施」（《里約宣言》第15原則，1992年）。從環境問題、污染問題的歷史來看，有一些以無法證明因果關係為理由，沒有即時做出對策，最後導致損害範圍擴大的實例。提出預先防範辦法是為了要避免不幸的事情重複發生。2021年的IPCC（政府間氣候變遷小組）第6次評估報告中，提到「對於人類活動對大氣、海洋及陸域帶來暖化的影響，不應該抱有懷疑態度」，另外關於人類造成的影響也有詳盡報告。評估報告中有關對氣候的影響，「人類活動造成的氣候變遷，已經為世界各地的天氣及極端氣候等產生廣泛影響。對於熱浪、豪大雨、乾旱、熱帶低氣壓等極端現象的觀察顯示，這些事件多與氣候變化有關，特別是在人類造成的影響方面，在第5次評估報告之後，這些問題備受關注」這說法也進一步提高了確信度。

IPCC的角色在於整理和報告與氣候變遷相關的新知，因此，並未提出具體應該採取什麼行動之建議。面對氣候變遷該拿出什麼因應對策，是身為社會一分子的我們應該要思考的。至於應該達到何種程度、進行的順序流程又該如何，每個人觀點可能不盡相同。雖然不同意見值得進一步討論，但討論的前提應該是要充分了解預先防範辦法，並從科學角度來觀察。

Chapter

2

圍繞脫碳議題的國內外動向及脫碳經營

本 Chapter 將針對來自社會各參與者的脫碳動向進行說明，同時列舉具代表性的企業實例。

Lesson 08 〔政府的動向①〕

了解各國政府的動向及背景

本課要點

有關脫碳行動的投入，各國政府展現出勢在必行的態度，並積極採取相關措施。已有超過 130 個國家承諾實現淨零排放。就讓我們來了解一下各國政府致力於脫碳的背景吧！

各國淨零排放宣言

自《巴黎協定》簽署以來，許多國家加快了脫碳的腳步。之前表現出消極態度的中國、美國及開發中國家，也陸續發表了宣言（圖表 08-1）。

2020 年 9 月，中國國家主席習近平宣布在 2060 年之前實現淨零排放；2021 年 1 月，美國總統喬・拜登（Joe Biden）在上任後立即重新申請加入《巴黎協定》。拜登從身為總統候選人開始，便提出 2050 年前實現淨零排放的目標。另外，2021 年 11 月，印度總理納倫德拉・莫迪（Narendra Damodardas Modi）也發表了 2070 年實現淨零排放的目標宣言。

▶ 發表淨零排放宣言的國家數（截至 2021 年 11 月）圖表 08-1

類別	國家數	例
已提出淨零政策	84	
將淨零目標納入政策議程	31	美國、中國、巴西等
將淨零目標入法	13	日本、韓國、德國、法國、英國等
達到淨零目標（自我聲明）	8	柬埔寨、不丹、蓋亞那、蘇利南、馬達加斯加、貝南、賴比瑞亞、幾內亞比索

資料來源：參考 https://zerotracker.net/ 製作
編注：台灣在 2021 年 4 月 22 日宣示 2050 淨零排放。2022 年 3 月公布「台灣 2050 淨零排放路徑及策略總說明」；2023 年 1 月核定「淨零排放路徑 112-115 年綱要計畫」；2 月公布施行《氣候變遷因應法》

理由①安全保障

各國採取行動的理由之一，就是氣候變遷與國家安全密切相關。根據廣辭苑的解釋，所謂國家安全是「面對來自外部的侵略，必須保護國家與國民的安全。……」。當意識到氣候變遷將會威脅國民生命及財產，基於安全保障原由，就應該採取行動。2021 年 9 月，美國總統拜登前往遭受到空前豪大雨侵襲的紐約及紐澤西州進行勘災。接受訪問時他提到「氣候變遷對我們的生活及經濟帶來攸關存亡的威脅」，強調氣候變遷將會對日常生活造成重大威脅。

日本防衛省對氣候變遷也採取因應對策。2021 年 5 月成立了「防衛省氣候變遷特別工作小組」；7 月則成立了氣候政策課。防衛省之所以會成立氣候變遷因應工作小組，是因為處理氣候災害讓自衛隊疲於奔命，忙得不可開交。又因為防衛省、自衛隊消耗掉政府四成的電力，也希望能有所貢獻。

國家最關切的議題理應是國家安全問題，氣候變遷會突顯此問題，這也促使政府更願意認真看待氣候變遷問題。

▶ 氣候變遷對安全環境及軍事影響事例 圖表 08-2

・氣候變遷帶來複合性影響如水源、食物、土地等短缺，這些問題不僅引發並加劇爭奪有限土地與資源的衝突，也可能會導致大規模的人口流動，進而引起社會、政治上的緊張及紛爭
・氣候變遷廣泛的影響，將會對各國的因應能力造成更大負荷，特別是對在政治及經濟已經動盪不安的弱勢國家而言，更可能會動搖其國家安定性 ・對於這些不安定的國家，提供諸如軍事行動的國際性支援是極為必要的
・溫室氣體排放量的限制規定及地球工程學（氣候工程學）的應用，可能會加劇國與國之間的緊張氣氛
・在北極海，海冰融化不但增加海洋做為航路使用的機會，也使海底資源的獲取變得容易。為確保沿岸國家的海洋權益，除了應開始著手進行海底調查以支持大陸棚延長的主張外，對於北極海域的軍事行動與部署也應加強
・關於雪冰的融化，必須關注青藏高原冰河融化所帶來的影響。青藏高原是許多亞洲主要河川的源頭，如黃河、長江、湄公河、印度河、雅魯藏布江等
・極端氣候增加大規模災害發生及傳染病蔓延，這將使各國軍隊更頻繁地參與災害救援、人道救援與重建、治安維護及醫療支援等任務
・氣溫上升及極端氣候、海平面上升等因素，將會增加軍隊裝備、基地、訓練設施等的負擔
・要求軍方「除了減少溫室氣體排放外，更應該進一步提出環境保護對策」的呼聲會越來越高

資料來源：防衛省「令和 3 年版防衛白皮書」摘錄

○ 理由②產業政策

產業政策也是各國採取脫碳行動的理由之一。政府會制定各種政策以促進國家產業的發展，即使在對應氣候變遷所採取的措施中，政府也期望與國家產業發展連結（圖表 08-3）。如何在氣候變遷對策中一併考量對產業的影響，成為一個重要議題。

當化石燃料的供應體系或是技術發生變革時，新能源供應體系將應運而生，以確保產業能維持正常運作與秩序。在能源新秩序中，政府將致力於讓國內企業居於優勢地位。

美國及歐洲提出的「Green Deal（綠色政綱）」和「GreenRecovery（綠色振興）」的政策，旨在促進本國及地區內的產業發展。而日本也提出了「基於巴黎協定做為成長戰略的長期戰略」（2019 年發表，2021 年修訂）、「2050 年實現淨零排放綠色成長戰略」（2020 年發表，2021 年修訂）。

▶ 各國綠色成長戰略 圖表 08-3

國家、地區	綠色×成長戰略的記載情況
日本	提出「以經濟與環境的良好循環」做為成長戰略的主軸，並且在綠色社會的實現上盡最大力量……這是因應全球暖化的做法，絕非抑制經濟成長。如果要積極推動預防全球暖化的對策，就必須要具有能夠為產業結構、經濟社會帶來變革以及實現大幅成長的想法。〈第 203 屆內閣總理大臣施政演說（2020 年 10 月）〉
美國	創造高薪就業機會、實現公平的綠色能源未來、建構能永續發展的基礎設備。此外，聯邦政府將致力於恢復科學完整性，並以其證據做為基礎，進行政策立案，並在制訂國內外的氣候變遷對策時加以採納。訂定外交政策及國家安全保障時，也必須充分考慮氣候因素。〈應對氣候危機、創造就業機會、恢復科學完整性的行動情況說明文件（2021 年 1 月）〉
EU	歐盟 The European Green Deal（歐洲綠色政綱）政策方針，其目標為實現公正且繁榮的社會、2050 年達成溫室氣體淨零排放、經濟成長與資源利用能夠脫鉤，並且建立擁有現代資源效率的高競爭力經濟體。〈The European Green Deal（2019 年 12 月）〉
中國	加快有助於推動能源革命之數位化發展、加速推動社會經濟發展全面性的綠色轉型（Green Model Change，綠能模式變革）、加速推動綠色低碳發展。〈十四五規畫（2020 年 11 月）〉

資料來源：資源能源廳「淨零排放」是什麼？（後篇）為何日本希望能夠實現？

編注：十四五規畫全名是《中華人民共和國國民經濟和社會發展第十四個五年規劃和二〇三五年遠景目標綱要》，一般簡稱為十四五規劃。

重點　脫碳帶來產業結構轉型壓力

有人可能會擔心進行脫碳，是否會導致失業率提高；或者使得能源密集產業轉移至海外，導致產業空洞化等。由於進行脫碳可能會使得某些產業面臨不利環境，面對此狀況，政府應預防潛在的衝擊，並扮演好推動新產業及加快技術創新發展的角色。

理由③不平等問題

不平等問題也是採取脫碳行動的理由之一。氣候變遷對所有國家所帶來的影響程度並非完全相同，南方國家的受害程度通常比北方國家更為嚴重（圖表 08-4）。值得注意的是，在全球最貧困的人當中，有大部分是南方國家的務農者，而乾旱及洪水對這些人的基本生計帶來重大影響。再加上缺乏全面的因應對策，導致貧困、飢餓和差異問題變得更為嚴重。此狀況可說是一種新的南北問題。

我們必須理解，對這個問題的擔憂，將會成為驅使國際社會和各國政府採取行動的動力。

▶各地區氣候變遷影響差異 圖表 08-4

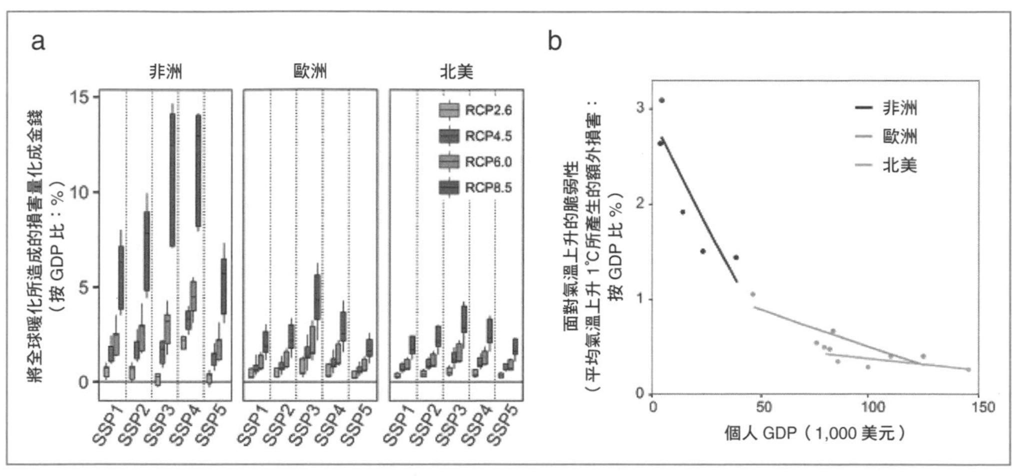

RCP 是二氧化碳濃度路徑圖（數值越大，溫室效應就越大）
SSP 是共享社會經濟路徑（1 永續發展、2 中間路線、3 地域競爭、4 不平等、5 依賴化石燃料）

資料來源：Takakura J., et al., “Dependence of economic impacts of climate change on anthropogenically directed pathways,” Nature Climate Change:2019 年 9 月 25 日

對低緯度地區來說，氣候變遷對農業方面的影響較為大。相對而言，高緯度一些地區的農作物收穫量不減反增。

重點　敘利亞難民問題與氣候變遷

有一說法認為氣候變遷說不定就是導致敘利亞難民問題的原因之一。從 2006 年到 2009 年這一段期間，乾旱導致超過 100 萬的敘利亞農民成為國內難民，並且流竄到城市，這個乾旱事件被認為和後來的反政府革命、內戰有關。雖然也有人對於此說法抱持不同看法，但有關氣候變遷可能引發各種風險的議論，確實越來越引起關注。

理由④環境問題

國民對環境問題的關心也是一個推動力。譬如在德國，綠黨因為積極應對氣候變遷，支持率明顯提升。2021 年德國聯邦議院選舉，雖然綠黨黨主席因深陷醜聞而敗選，但綠黨得票率 14.8%，僅僅落後社民黨、CDU ／ CSU（基民／基社聯盟），位居第三（比 2017 年成長了 9%）。在 18 ～ 24 歲、25 ～ 34 歲這兩個年齡層，得票率更超過兩成。換言之，在這些世代中，綠黨的得票率是第一名（關於年輕世代行動的背景可參考本篇末專欄「Z 世代在氣候變遷所採取的行動」）。

綠黨以環境保護、反核、和平與反戰、女權主義（女性解放運動）等社會運動為核心理念。

各國皆有以「綠黨」為黨名的政黨。世界上第一個綠黨成立於 1972 年，名為「塔斯馬尼亞團結組織」，是當今「Australian Greens（澳洲綠黨）」的前身。日本則有「Greens Japan（綠黨）」，雖然無法參與國政，但在地方議會卻占有席位。

重點 能源安全

能源安全包含兩個理由：①國家安全、②產業政策。所謂能源安全是指在進行經濟、社會生活及國防等與國家及國民相關活動時，能提供穩定且價格合理的能源。

部分石油及天然氣生產國，有時會以停止供應或減少供應的做法來威脅其他國家。因此從多管道及多國家進口能源是必要的，也可以從友好國家進口。然而減少對海外的依賴也非常重要，我想脫碳應該可以從這樣的角度來進行。

只不過，隨著脫碳進程的推進，化石燃料資源開發投資將可能放緩，這也會加強石油與天然氣生產國寡占程度。此外，倘若太陽能發電等的再生能源發電及蓄電池儲能系統增加，稀有金屬等礦物的重要性就會提高，那麼這樣就可能被礦物產國威脅，能源安全的風險就會提升。對許多國家，包括日本而言，這是個相當棘手的問題。

即使已邁入脫碳時代，二氧化碳排放總量也已減少，我們仍需確保化石燃料的穩定及價格合理。同時，確保礦物資源也成為重要課題。

Lesson 09 〔政府的動向②〕

了解日本政府動向

本課要點

2020 年 10 月，時任首相菅義偉宣布 2050 年要實現淨零排放、脫碳社會的目標。而在那之後，日本脫碳速度不斷加快。讓我們一起來看看日本的目標吧！

政府的淨零排放宣言

根據 2020 年 10 月 26 日，時任首相菅義偉的宣言（圖表 09-1），日本期望在 2050 年前實現淨零排放。相較於先前 2050 年目標（減少 80%），這次減排目標大幅調高。宣布這樣聲明的時機，正值當時美國川普總統將政權轉移給拜登時，前者對氣候變遷採消極態度，而後者對氣候變遷因應則相當積極。

許多人對這天的來臨表示歡迎，支持的聲音占大多數。發表此宣言後，政府不僅啟動「2050 年實現淨零排放綠色成長戰略」，也陸續公開了針對電力、天然氣、汽車等各產業及各企業的淨零排放戰略及規畫。

▶ 時任首相菅義偉發表淨零排放宣言 圖表 09-1

資料來源：首相官邸「第 203 屆國會會議，菅內閣總理大臣施政報告演說（2020 年 10 月 26 日）」
https://www.kantei.go.jp/jp/99_suga/actions/202010/26shu_san_honkaigi.html

提高 2030 年（年度）的目標

公開發表淨零排放宣言之後，2030 年目標的調升幅度便成為焦點。當時的國際情勢是歐盟及英國已提高目標，而美國也朝這方向努力。

2021 年 4 月，日本政府決定將其溫室氣體減量目標從 2013 年相比減少 26%，提高至減少 46%，後來甚至進一步調升至減少 50%。同時，從 2013 年邁向 2050 年淨零排放的中間年度 2030 年（年度），溫室氣體排放量需減少 46%。而為了實現 1.5℃的目標，全球在 2030 年必須將排放量減少到 2010 年的一半（減少 45%）。國際目標也是一致的，2030 年可說是朝向實現淨零排放目標的關鍵年份。但因為決策過程未公開，所以也出現了過程不透明的抨擊。

儘管如此，由於 2030 年的目標數字已確立，政府隨後訂定了「能源基本計畫」、「全球暖化對策計畫」、「日本 NDC（國家自訂貢獻）」、「基於巴黎協定做為成長戰略的長期策略」。

▶ 日本溫室氣體排放量的趨勢及目標 圖表 09-2

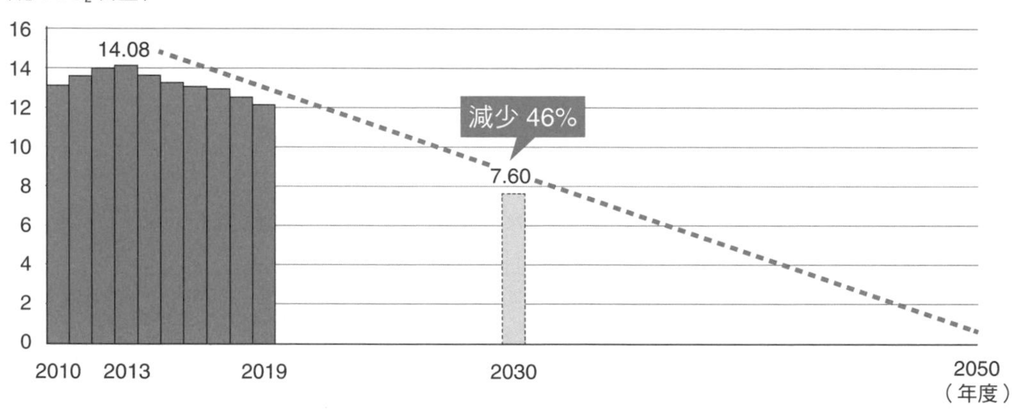

資料來源：環境省「2019 年度溫室氣體排放量（實際值）」，Technova 製作

重點　減少溫室氣體及減少二氧化碳的目標

溫室氣體吸收源是指，能夠吸收大氣中的二氧化碳等溫室氣體，並且讓這些溫室氣體封存較長期間的森林與海洋等。溫室氣體減排 46% 跟二氧化碳減排 43% 目標有差是因為 46% 的目標考慮了上述因素。

另外一個設定較高目標的理由在於溫室氣體的成分種類較複雜，而每一種溫室氣體的減排目標也都不一樣（甲烷的減排目標為 11%、一氧化二氮為 17%、氫氟碳化物則是為 44%），因此，整體減排目標的設定會較高。

能源資源的採購及氣候變遷的應對

在日本，將因應氣候變遷的重點放在能源上。這是因為溫室氣體排放量中，有近九成的二氧化碳來自於能源相關活動。日本從中東、東南亞及澳洲等地區大量進口化石燃料，此筆支出每年花掉國庫 15 ～ 20 兆日圓。一旦化石燃料價格飆漲，必須支付的金額就會增加。同時，國際情勢的變化也可能導致能源供應中斷的風險。

對日本來說，這樣的能源資源採購結構是一個棘手的問題。因此必須要讓能源進口管道多樣化，並且擴大國內能源生產。在脫碳的同時，這也不失為是一個改變現狀的好機會。

然而，前述目標並非意味著要完全脫離對海外能源資源的依賴。其他議題諸如電力供應，我們會在 Chapter 4、6 討論；氫氣、氨氣等新燃料相關議題則會在 Chapter 5、6 說明。

地方自治體也採取了行動

日本的各地方自治體，如都道府縣、市區町村等單位，也積極制定因應氣候變遷的對策。

由於每年氣候災害造成傷亡日益嚴重，於是提出《氣候緊急狀態宣言》的國家與地方自治體也日漸增多。這些國家與地方自治體除了要求了解目前所處的危險狀況之外，也表明願意積極推動氣候變遷因應對策的態度。這一舉措始於 2016 年 12 月，澳洲維多利亞州德爾賓市宣言，日本則是在 2019 年 9 月，由長崎縣壹岐市的宣言開始，之後擴大至全國各地。

除此之外，越來越多地方自治體發表期望在 2050 年之前實現「淨零城市」的淨零排放宣言。日本國內有 40 都道府縣、320 市／特別區、154 個町村提出宣言（截至 2021 年 12 月 28 日）。當然，如果慎重一點來看，這其中不乏僅僅是追求潮流的地方自治體，而每一個地方自治體所採取的措施各不相同。再者，當知事或市區町村長換人，政策也就會跟著改變。因此，具體該採取什麼措施，我想需要根據各地方自治體的狀況深入思考吧！

▶ 2050 年發表淨零排放的地方自治體數量 圖表 09-3

都道府縣	市・特別區	町村
40/47	320/815	154/926

資料來源：環境省「地方自治體發表之 2050 年二氧化碳排放量淨零排放狀況」

Lesson 〔消費者的動向〕

10 了解消費趨勢

本課要點

全球脫碳趨勢正在改變人們的消費行為。消費行為的變化，為 B2C（企業直接對消費者的商業模式）企業同時帶來機會與風險。長期關注趨勢變化是很重要的。

對消費行為的影響

消費者在選擇商品或服務時，通常會從品質、價格及即時可獲得性等等經濟理性層面來思考。但消費行為不單單只是追求經濟理性，它同時也會反映出消費者的興趣與價值觀。當景氣不好或是通貨膨脹（物價持續上漲）時，經濟理性就會變得非常明顯，使得消費行為變得更加難以預測。

因此，我們不能僅僅著眼於經濟理性因素，更要關注長期變化。

希望有更多消費者開始關心氣候變遷的議題，並且盡可能購買那些願意顧慮氣候變遷問題的製造商、公司所提供的商品及服務。

▶ 消費行為對氣候變遷的反應 圖表 10-1

對氣候變遷感興趣 → 消費行為有助於減緩氣候變遷是很棒的 → 了解有助於減緩氣候變遷的消費行為 → 購買商品、服務

- 商品標示出含碳量及再生原料等資訊
- 來自賣方的訊息公布
- 其他各管道的資訊（人或是資訊媒體）

消費者對氣候變遷的認識

根據日本內閣府2020年針對氣候變遷所進行的民意調查顯示，91.9%的受訪者表示願意為實現脫碳社會而努力（圖表10-2）。在嘗試行動中，最多人選的就是「購買已經對全球暖化採取因應對策的企業所提供之商品及服務」（30.1%）。

另一方面，回答不想採取任何行動的原因，則包括「不知道減緩全球暖化的對策究竟能產生多少效果」（48.4%）、「缺乏有關選擇標準及實際執行等相關資訊」（45.2%）等。

對企業而言，應對氣候變遷的策略之一，就是將公司的理念、做法，以及商品與服務會對氣候變遷帶來的效果等，傳達給消費者，讓他們清楚明瞭。

了解實現脫碳社會的做法 圖表10-2

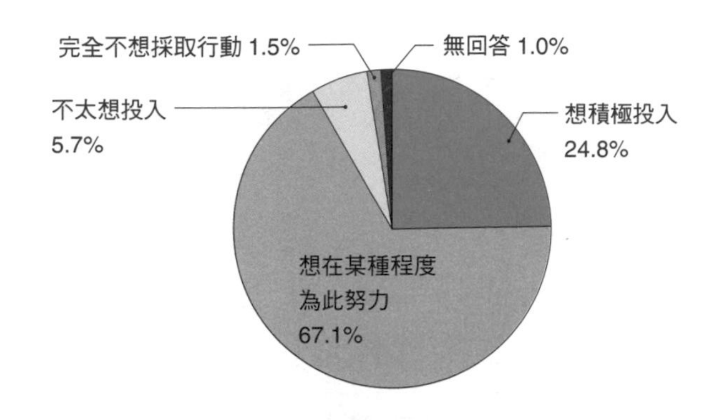

為實現脫碳社會，日常生活中可以採行的做法（前三名）

內容	回答比例（%）
購買致力於應對全球暖化的企業所製造之商品及提供的服務	30.1
實踐環保駕駛，例如選擇電動車等環保汽車及緩慢加速、減速等	24.1
購買省電效率高的冰箱、空調、照明器具等家電用品	22.2

不想對脫碳社會採取任何行動的理由（前三名）

內容	回答比例（%）
不知道減緩全球暖化的對策會產生多少效果	48.4
選擇標準、相關做法等資訊不足	45.2
在日常生活中很難隨時有意識地採取行動	27.8

資料來源：內閣府「2020年關於氣候變遷之民意調查」

◯ 減少塑膠使用量並尋求替代品

消費者對於「減輕塑膠對環境造成負擔」的環保意識已逐漸抬頭。塑膠是以石油製品石腦油（輕油）製造而成。在日本，塑膠垃圾回收率高達八成以上，但其中有六成以上的回收塑膠最終會送進焚化爐燃燒，燃燒當然就會排放二氧化碳。儘管有些做法能有效利用燃燒所產生的熱能，但減少塑膠使用量仍是最為重要的。

此外，以日本為例，在製造過程中，1 瓶 500ml 寶特瓶大概會排放 0.1kg 左右的二氧化碳。在日本，每年使用的寶特瓶約 200 億個以上，全球則超過 5,000 億個，也就是每 1 分鐘約使用 100 萬個。簡略計算，1 分鐘會排放 100 噸的二氧化碳。

隨著消費者環保意識抬頭，企業開始減少塑膠的使用量並提高回收率。考慮到塑膠會成為廢棄物，且易引起消費者反感，企業會盡可能避免使用。因此，近年來有很多飲料瓶都使用能夠回收再利用的材料。

▶ 塑膠資源循環促進法的實施 圖表 10-3

資料來源：環境省「有關塑膠資源循環特別設置的網站」
https://plastic-circulation.env.go.jp/

從 2020 年 7 月開始，塑膠製購物袋需付費購買。根據 2021 年頒布的《塑膠資源循環促進法》，從 2022 年 4 月開始，零售業者等被要求吸管、湯匙等一次性塑膠物品應計價收費，或是替換成使用生物質等原料製成的商品。

永續時尚

在服裝消費方面，環境友善的「永續時尚（Sustainable Fashion）」受到注目。

根據環境省的資料，一件衣服從原料的購買，紡織、染整、剪裁、縫製到運送，平均排放 25.5kg 的二氧化碳（相當於約 255 個的 500ml 寶特瓶）（圖表 10-4）。

想要減少二氧化碳的排放，延長每件衣服的穿著期限固然重要，但舊衣處理同樣也要謹慎。可以透過二手店或是二手交易平台等，轉讓或出售舊衣，讓其他人再利用。另外，也可將舊衣當成資源，拿到地區回收場或接收舊衣的店鋪回收。

對企業而言，減少製造到販售所產生的二氧化碳排放量很關鍵，同時鼓勵修補及再利用，協助加強回收等也都是重要的環節。

▶ 服裝製造對環境造成的負擔 圖表 10-4

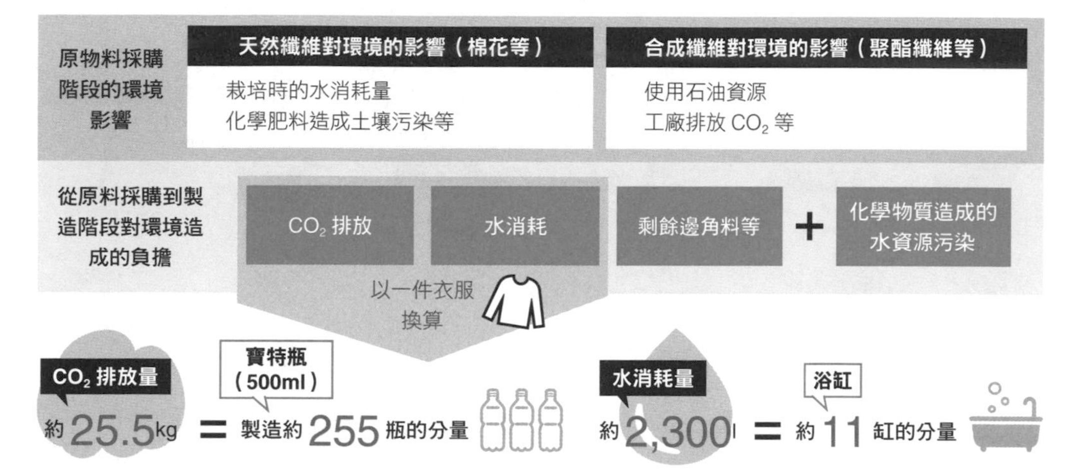

除了排放 CO_2，還有水等對環境的影響也很大

料來源：環境省「永續時尚」
https://www.env.go.jp/policy/sustainable_fashion/

▶ 服裝業做法影片介紹 圖表 10-5

日本永續時尚聯盟（7’ 53”）

與消費者有關的服裝業也開始採取行動了
資料來源：環境省「推廣淨零排放概念〔日本永續時尚聯盟〕」（2021/12/27 發布）
https://www.youtube.com/watch?v=BgQR3HhvjbE

飲食習慣的改變

在食物方面，有些原料的溫室氣體排放量也滿高的，牛肉為其代表。牛隻所產生的溫室氣體（包含牛奶以及食品以外的其他用途），占全世界溫室氣體約 10% 以上（圖表 10-6）。這是因為興建牧場會縮小森林面積，而且牛隻放屁及打嗝排放甲烷（主要成分），其溫室效應約為二氧化碳的 25 倍。因此，飼養牛隻伴隨而來的是大量溫室氣體的排放。

因為這個原因，越來越多人避免攝取動物性食品，不僅出於宗教理由，更是基於環境因素考量。不含動物性食物的餐點原是提供給 Vegan（純素者）及 Vegetarian（素食者），但也有人因為考量環境而成為不攝取任何動物性食物的純素主義或素食主義，另外有些人則成為還是會吃肉、魚的彈性素食者（Flexitarian）（圖表 10-7）。

▶ 各種類動物所排放的溫室氣體（億 t-CO_2）圖表 10-6

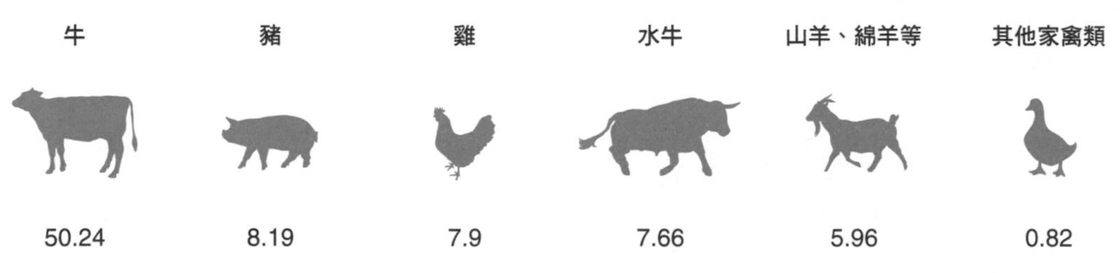

來自牛隻的溫室氣體相當於 50 億 2,400 萬 t-CO_2
這幾乎是全球溫室氣體排放量（約 500 億 t-CO_2）的 10%

資料來源：FAO（聯合國世界農糧組織）

▶ 全素者、純素者與彈性素食者 圖表 10-7

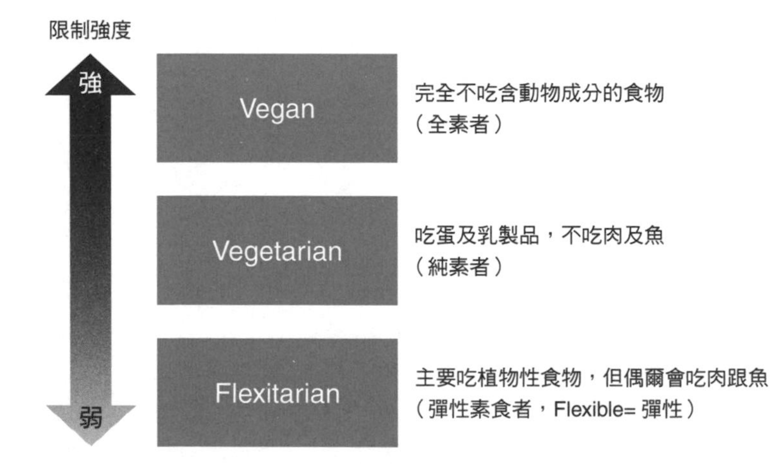

讓改變飲食習慣變得更容易的商品

在開發鼓勵大眾改變飲食習慣的商品方面，也有令人期待的進展。例如美國的超越肉類公司（Beyond Meat）及日本的 DAIZ 公司等企業，已成功製造出能代替肉類的植物肉（圖表 10-8）。植物肉的相關製造技術發展，有望讓我們更容易改變飲食習慣！

近年來，會前往素食專賣店的人數增加了。另外，在一般商店也提供植物性飲料如豆漿、杏仁奶、燕麥奶等，以替代牛奶。不僅如此，其他還有一些能減少牛隻排放溫室氣體的做法，例如回收牛隻排放的甲烷，或是開發抑制牛隻放屁的技術等。這些舉措有機會贏得較具環境保意識消費者的好評。

▶ 製造肉類替代品的企業案例 圖表 10-8

資料來源：Beyond Meat 網站
https://www.beyondmeat.com/en-US/

資料來源：DAIZ 公司網站
https://www.daiz.inc/

我們介紹了代表性領域所採取的行動。對於 B2C 企業及 B2B2C 企業而言，了解公司業務與脫碳的關係、消費者的消費行為與脫碳的關係，是非常重要的。

Lesson 11 〔供應商的動向〕

了解供應商的動向

本課要點

相較於 B2C 企業，脫碳趨勢對於 B2B 企業（企業對企業的商業模式）所產生的影響或許更早。我相信受到供應商提出質問及要求的企業應該為數眾多，了解供應商的需求變化也是很重要的。

供應鏈的脫碳

在現代的商業活動中，企業不論從事製造生產或者是販售，都與其他公司有緊密的合作關係。這種連結涵蓋製造零件的企業、運送商品的企業，以及向消費者銷售的企業等各環節。這一個龐大複雜的結構就是「供應鏈」。

企業不僅需關心自家業務活動的碳排，也必須考慮整個供應鏈的溫室氣體排放，讓脫碳流程變得更為流暢（圖表 11-1）。

因此，有越來越多的客戶開始期望供應商能主動公布脫碳資訊及相關做法。

▶ 供應鏈排放量 圖表 11-1

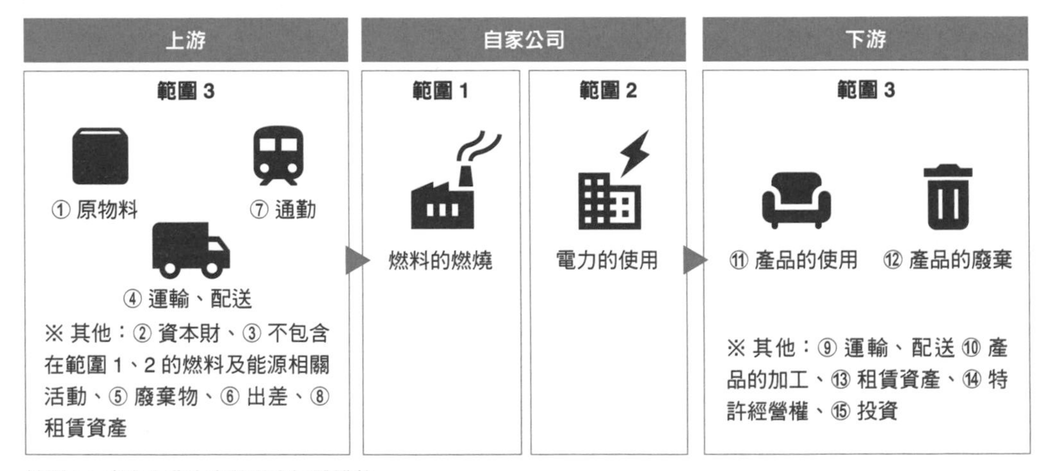

範圍 1：來自企業本身的溫室氣體排放
範圍 2：使用其他公司提供的電力、熱力及蒸汽所產生的間接排放
範圍 3：範圍 1、範圍 2 以外的間接排放（與企業者業務相關的其他公司之排放）

資料來源：環境省「綠色價值鏈平台」

◯ 對供應商的影響①製造業

在製造一項產品時，廠商可能會使用數千、數萬個零件。與零件製造、運送、販售等供應鏈相關的企業，更是多到數不清。推出iPhone及iPad的美國蘋果公司，希望能在2030年之前，讓整個供應鏈對氣候產生的影響達到零。這個決定的影響力非常巨大，將成為與供應鏈有關的企業全力投入脫碳行動強而有力的推動力。

TOYOTA汽車做為代表日本的企業，也希望實現供應鏈的脫碳化。製造汽車過程中，使用了製造時會產生大量二氧化碳的鋼鐵，在塗裝與金屬溶解時也會使用數百度的高溫，這些都會對氣候產生影響。因此，相較於電器產品，汽車的脫碳難度要高出許多。但TOYOTA仍希望能在2035年之前，實現自家工廠二氧化碳排放量達到淨零排放；在2050年之前，供應鏈的二氧化碳排放量也能達到淨零排放的目標，同時期望供應商一起努力。

此舉措當然也會影響到其他企業。對供應商來說，公開脫碳資訊及做法不僅有助於繼續交易，還能進一步擴大合作。根據交易對象的不同，有可能會成為必要達成的目標。

◯ 對供應商的影響②零售業

零售業的供應鏈也正在進行脫碳化。全球零售業龍頭──美國沃爾瑪超市設定了在2015年至2030年間，供應鏈整體的溫室氣體排放量要減少10億噸的目標，並且鼓勵各供應商開始設定自己的脫碳目標，他們將其稱之為「10億噸計畫」。

日本也有企業積極投入脫碳行動。例如，在2018年日本的零售企業──永旺集團（AEON）成為第一個發表脫碳願景的公司。其實在很早之前永旺集團就加入RE100了，並且致力於脫碳，例如要求供應商對溫室氣體排放量進行管理，設法努力削減排放量。

儘管商品都是交給零售商進行販售，但如果能公開脫碳資訊及做法，將成為企業優勢。在某些情況下，資訊公開可能是必須的。

12 了解中央銀行的動向

本課要點

金融界已經強烈意識到氣候變遷所帶來的風險。如果金融體系不穩定，將對實體經濟造成嚴重的影響。對於可能發生的金融系統性風險，我們應該要有什麼的危機感呢？接下來將進行說明。

應該警戒的綠天鵝（Green Swan）

2020 年 1 月，以各國中央銀行為成員的國際清算銀行（BIS），發表了「綠天鵝」報告書（The Green Swan）。

所謂「綠天鵝」一詞是借用了黑天鵝的概念。在金融市場中，廣為人知的黑天鵝是指那些「按照過去的知識及經驗完全無法預測，但發生時影響卻非常劇烈」的事件。這是因為人們普遍認知「天鵝是白色」，一旦發現黑色天鵝，即顛覆鳥類學者的認知，因此才有此用法。

「綠天鵝」則是一個新的概念用語，指「氣候變遷的風險可能在未來某一天實現，並帶來重大影響」。這與 2008 年，政府和中央銀行動用了財政政策及金融放寬等手段，來防止雷曼兄弟破產倒閉所引起的金融危機不同。想要完全遏制綠天鵝更為困難，這一點讓人感到不安。

▶ 綠天鵝 圖表 12-1

氣候變遷的風險可能在未來某一天實現，並帶來重大影響

綠天鵝難以遏制的原因

投資者為了分散風險，通常會選擇投資不同的產業和企業。如此，即便某個產業或企業的股價下滑，債券變成債務違約的情況發生，對整體資產的影響也會比較輕微。但如果所有產業、企業皆陷入危機中，那麼分散風險的效果就會消失。這將導致利率和物價上漲；消費和企業活動減少；企業及政府債務增加，以及金融機關不良債務的擴散，所有人可能都會遭受損失。因此，當危機發生時，政府就必須動用財政手段，中央銀行也得採行金融寬鬆政策以控制危機。2008 年的金融危機正是以這種方法來應對。

如果過快地過渡到脫碳社會，與化石燃料相關的資產，可能就會變成不能開採的「擱淺資產」(失去價值)。這可能會導致資產被拋售，成為金融危機的導火線(「轉型風險」)。相反，如果氣候變遷因應舉措進行緩慢的話，實體性的損害就會增加(「實體風險」)。如果全球都面臨氣候變遷危機，各產業各企業的資產毀損會加速金融機構的不良債權形成，金融系統將會變得極度不穩定。然而，由於氣候災害所造成的實體損害無法避免，所以想要控制危機是很困難的。

中央銀行的行動

為了提高危機感，中央銀行採取行動了。以英格蘭銀行(BoE)為例，他們在 2021 年 3 月宣布，將把「支持過渡到溫室氣體淨零排放」納入其貨幣政策任務當中。

一般來說，中央銀行的使命是穩定物價。而美國的聯邦準備理事會(FRB)則具有穩定物價和充分就業的雙重使命。不論如何，這是第一次全球主要國家央行在使命任務中，提到脫碳相關議題。這應該是一種危機感的表現，顯示大家認為要是不進行脫碳，可能會導致金融系統的不穩定。

儘管不能追加任務，但至少各國還是積極推動綠色金融措施。日本銀行也在 2021 年 7 月，公開發表氣候變遷作戰行動(「支援氣候變遷對策的資金供應」)要點，從同年 12 月起，提供資金支援金融機構在氣候變遷方面的融資需求。

重點　黑天鵝與綠天鵝的不同之處

在「綠天鵝」報告書中，舉出了綠天鵝與黑天鵝 3 個不同的特徵。

- 危機發生的可能性非常高
- 氣候災難比大多數金融危機更為嚴重
- 比黑天鵝更複雜，且對環境、地緣政治、社會、經濟所產生的連鎖效應是無法預測的

了解投資人與銀行的動向

本課要點

相信許多企業都意識到股東及銀行的需求已經改變。企業要繼續並擴大業務，能否從股東等的投資人及銀行那募集資金顯得非常重要，因此募資行動也深受脫碳影響。

永續金融

所謂永續金融（ESG 金融）是指不僅僅關注金融情報，還要考量環境（Environment）、社會（Social）、治理（Governance）等要素的投資與融資。2006 年，聯合國公布「責任投資原則（PRI）」，明確鼓勵與協助投資人將 ESG 納入投資考量因素後，國際間對 ESG 金融的關注與日俱增。隨後 2012 年聯合國制定了「保險業永續原則（PSI）」、2015 年宣布「永續發展目標（SDGs）」等，種種倡議讓 ESG 更受矚目。日本國內則是自 2017 年，「日本年金積立金管理運用獨立行政法人（GPIF）」參考 ESG 指數進行資產管理以來，人們對 ESG 的關注度便逐漸提升。在 ESG 金融的環境課題當中，最為重要的就是氣候變遷因應。

2020 年全球 ESG 的投資額來到 35 兆美金（約 3,800 兆日圓）；較 2018 年成長了 15%（圖表 13-1）。

▶ 全球 ESG 投資額變化趨勢 圖表 13-1

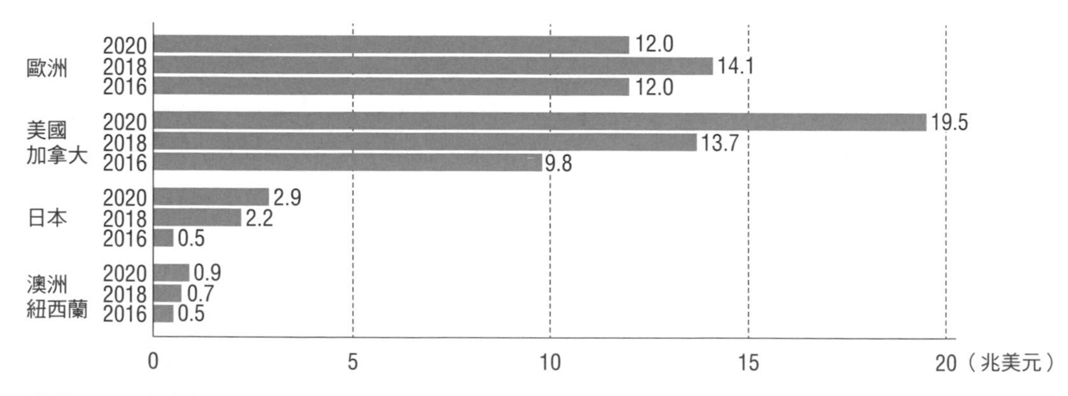

歐洲 2020 年投資額下降的原因，是因為重新審查 ESG 投資標準，亞洲、南非等的投資額並未進行合計

資料來源：根據 GSIA「GLOBAL SUSTAINABLE INVESTMENT REVIEW 2020」製作

金融脫碳化

在 Lesson 11 曾說明，脫碳影響層面會涉及供應鏈。而在金融領域上，脫碳的影響也將擴及投資和融資對象。

從 2021 年起，世界最大的投資管理公司——貝萊德集團（BlackRock Inc.），便希望其投資對象揭露企業實現淨零排放所採取的策略。銀行為了加速企業脫碳，會根據其脫碳路徑，給予不同優惠利率或融資範圍。2021 年 5 月，三菱日聯金融集團宣布，將在 2050 年之前實現淨零排放。隨後，三井住友金融集團、三井住友信託控股株式會社也宣布同樣的目標。

金融即是所有資金的融通，可能會因為採取脫碳行動，而產生有利或不利的影響。

以強硬態度應對的狀況增加

投資人對企業強烈提出要採行脫碳對策的例子變多了。

2021 年 5 月 26 日就發生了好幾件具有代表性意義的事件。其中一件是美國石油巨頭——埃克森美孚在例行股東大會上，所謂的「積極股東」成功將幾位對環境對策很有想法的脫碳派董事候選人送進董事會。另外一件，就是荷蘭海牙地方法院向歐洲石油龍頭——荷蘭皇家殼牌集團（現：殼牌集團）下令，必須以 2019 年的企業總碳排為基準，在 2030 年前達到至少減排 45% 的目標。雖然殼牌集團不服判決並提出上訴，但許多股東也認為，殼牌應該設定更具有野心的減排目標。

重點　利害關係人資本主義（Stakeholder Capitalism）

過去股份有限公司都是以追求利潤為目的，因為那會帶給股東最大的利益，這種做法可以理解。然而，即使是向來奉行股東資本主義的美國，情況也在改變。號稱對美國金融政策具有影響力的貝萊德集團執行長拉里・芬克，在 2018 年寫給投資對象企業執行長（CEO）的一份書信上，提出企業應該要維護好股東、員工、顧客以及地區社會的所有利害關係人的利益。這樣的想法稱為「利害關係人資本主義」，與股東資本主義形成對比。

Lesson 14

〔機會與風險整理〕

商業機會與風險

本課要點

消費者、供應鏈、投資人、銀行的需求變化可能有助於拓展事業、創造新商機，但也可能導致失去現有業務及成本增加的風險。您必須先了解，這對自家公司意味著什麼。

為公司帶來的機會與風險

日本國內有不少企業組織，透過加入「氣候財務揭露（TCFD）」（請見 Lesson 7）做為契機，希望能分析氣候變遷對企業所產生的影響。在國內已有如丸井集團等企業，願意公開相關資訊（圖表 14-1）。

為了進一步鼓勵企業公開相關資訊，有人提出是否該賦予公開氣候變遷風險的義務，並要求在東京證券交易所上市的部分企業，從 2022 年春季開始，履行公開資訊的義務。

考慮到產業、企業的不同，氣候變遷所帶來的機會與風險也會有很大的差異。企業需要透過整理分析，評估其對自家公司所帶來的影響，同時思考應該採取哪種對策因應氣候變遷所帶來的挑戰和機會，也是很重要的。

▶ 氣候變遷對丸井集團財務影響的揭露 圖表 14-1

氣候變遷帶來的風險

風險種類	社會上的變化	丸井集團的風險	利益影響額
實體的	颱風、豪雨造成水災	店鋪停止營業	約 49 億日圓
		系統中心停擺	處理結束
轉移	再生能源的需求增加	再生能源價格升高	約 8 億日圓
	政府加強對環境法規的執行	徵收碳稅	約 22 億日圓

氣候變遷帶來的機會

-	社會上的變化	丸井集團的機會	利益影響額
機會	環境意識提升、生活型態改變	永續生活方式提倡	約 54 億日圓
		回應一般家庭對再生能源的需求	約 20 億日圓
	電力採購的多樣化	進軍電力零售行業	約 3 億日圓
	政府加強環境法規	徵收碳稅 ※	約 22 億日圓

※ 實現溫室氣體排放量淨零排放即可免除碳稅　資料來源：丸井集團 2021 年 3 月期有價證券報告書

嚴厲抨擊漂綠行為

因為越來越多企業採取脫碳對策，並公開其做法，加上這些措施對企業帶來正面幫助，因此表現出願意積極參與脫碳的企業也增加了。

但其中也有一些企業只是對外表現顯得積極投入，卻缺乏實際作為，這就所謂的「漂綠（Greenwashing）」。wash 有「洗白」的意思（日文也有塗抹一薄層的意思），就像塗一層油漆來掩蓋事實，粉飾太平一樣。除了虛假之外，誇大事實、提出毫無根據的主張，以及言行不一致也被認為是問題。為了消除市場的漂綠行為，應該要求企業提出客觀的脫碳指標，並努力讓第三方機構的認證系統更為完善。

過去，聯合國環境金融倡議（UNEPFI）提出「責任銀行原則（PBR）」時，就有環境、社會團體指出，在一些簽署 PBR 的銀行中，曾向火力發電及熱帶林破壞等有關的企業提供資金支持，包括日本駐外國銀行在內，總共有 8 家銀行因而受到嚴厲批判。這些銀行若無法解釋其公司的考量以及做法，並且提出反駁的證據，那麼就應該心甘情願地接受漂綠企業這種不光彩的評價了。

在企業經營中，脫碳該如何定位？

人類生活有各種目標，而人們普遍認為企業（以營利為目的）則是以提高利潤為唯一目標。時至今日，這樣的觀念想法已經有所改變。就像前面章節提到，股東希望企業採取行動以追求公共利益的例子（請見 Lesson 13）一樣，現在企業很難僅僅將自家公司利益視為唯一目標。

另一方面，相信若企業試圖以員工不認同的事情當做目標來舉辦活動，或者舉辦與自家公司業務不相符的活動，應該都會不順利吧。我們應該進行調查，已確定在自家公司經營活動中，脫碳應該擺在哪個位置，並決定該採取何種經營戰略以及該進行怎樣的業務活動。

重點　美國也發生了快速的變化

哈佛大學商學院教授瑞貝卡・韓德森曾表示「就算在 10 年前，覺得企業能夠拯救世界的這個想法，應該會被認為有點愚蠢吧。然而現在這件事不僅具有說服力，也已經成為絕對且必須的行動」（瑞貝卡・韓德森《重新想像資本主義》、高遠裕子譯、日本經濟新聞出版社、2020 年，一書中指出美國社會在短期間內發生了變化）。

丸井集團的氣候變遷應對與商機

有關丸井集團，我們再詳細介紹一下。該公司分析氣候變遷對其業務的影響，得到的結論是：如果設立了 1.5℃目標，那麼，其所帶來的商機將大於風險。（圖表 14-1）。

氣候變遷的因應會成為商機，這意味著什麼呢？因為丸井集團是 RE100 企業中的一員，所以會向商業合作夥伴 UPDATER（舊社名：MINDEN）採購再生能源。此再生能源當然是運用在公司的業務上，公司的業務概述如下。

丸井集團原本是從事服裝用品販售的零售企業，但後來事業規模逐漸擴大，目前以不動產租賃與金融事業為主要收益。在零售方面，丸井集團減少了自家公司的販售，通過定期租屋契約提高房客的入住比例（購物中心型），從而提高不動產租賃收入的比例（圖表 14-2）。

而丸井的店鋪是 100% 使用再生能源，因此公司也會對環保意識高的承租戶提出要求（圖表 14-1 的「永續生活方式提倡」的一部分）。近年來，隨著 App Store、二手交易平台如 Mercari 以及開設網路商店平台的 BASE 等的出現，即使不是透過傳統服裝銷售管道，也是可以開設商店。由於越來越多企業具環保意識，丸井集團因此利用這種趨勢提高承租戶的滿意度，並且思考招攬承租戶的戰略。

丸井最大的收益來源是金融事業（在丸井內部的事業分類為「金融科技事業」）。丸井集團也從事發行「EPOS Card」信用卡的業務，包括信用卡的發行和代理處理消費者付款帳務。當持卡人以信用卡結帳時，商家通常需要支付發卡公司一筆手續費，手續費一般占商店銷售額的 3～5%，其中一部分手續費則做為收單銀行的收入。對丸井來說，EPOS Card 的發行越普及，使用期限越長久的話，收益機會也就會增加。

另外，丸井集團也可利用與 UPDATER 之間的資本合作關係，向 EPOS Card 的持卡人提出再生能約電力優惠方案「EPOS 計畫」，進一步擴大業務，讓持卡人繼續使用卡片（圖表 14-1 的「回應一般家庭對再生能源的需求」）。

如上述，我們可以了解，丸井集團透過採購再生能源這個因應氣候變遷的對策，替自身公司帶來商機。

▶丸井集團各事業群的銷售額及營業利益趨勢 圖表 14-2

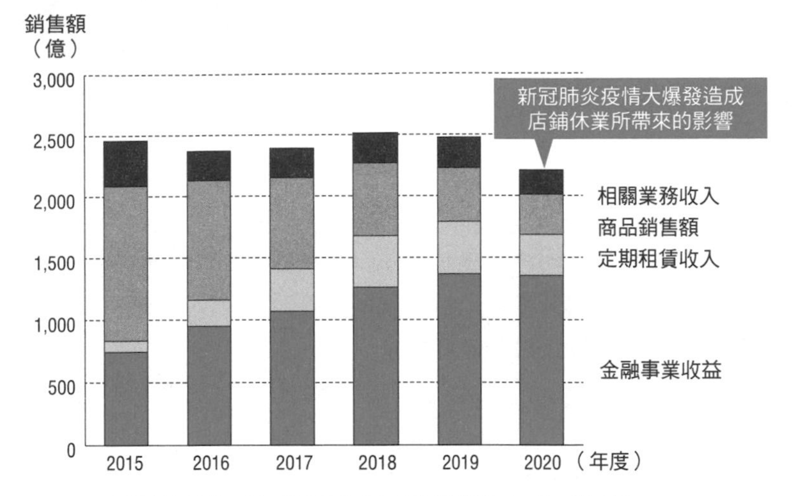

※ 刊登「商品銷售額」與「消化庫存銷售額（淨價）」的合計金額

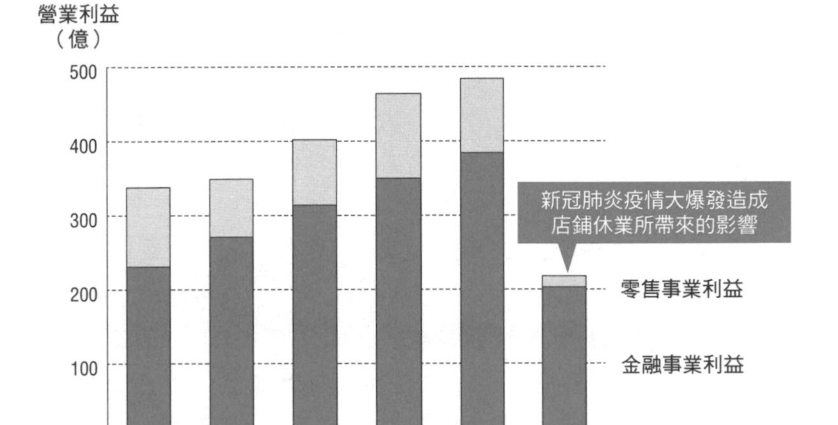

※ 部門之間有調整金額，所以圖表上的營業利益總金額與公司的總營業利益額並不一致
資料來源：丸井集團有價證券報告書，Technova 製作

我們正積極投入氣候變遷因應對策的擬定與執行，因為那將為集團帶來優勢，增加不動產租借（定期租賃收入）以及金融事業兩大收益。

Lesson 〔產業案例①〕

15 製造業

本課要點

介紹使用大量能源及原料的製造業之相關脫碳措施，掌握實現脫碳社會的重要關鍵。從中長期來看，不論是公司所使用的燃料及電力，或者包括流程的上游、下游等整體供應鏈，都以脫碳為目標。

案例 1：日立製作所

電機公司日立製作所在 2021 年 9 月宣布了淨零排放目標，預計在 2050 年度之前透過價值鏈的措施來實現。在此狀況下，我們可以將價值鏈理解為供應鏈。

目前日立製作所已經開始與主要往來客戶制定減排計畫。另外也提出在 2030 年度之前，實現二氧化碳排放量減半、公司各辦公室達到淨零排放等目標（圖表 15-1）。

在日立製作所的營運方面，一些具有成長性的業務包括配電、環保交通工具（鐵道）及智慧製造等，這些業務在進行脫碳部分也同時取得進展。由於日立製作所設定的目標是具國際性的（涵蓋日歐美），因此也針對歐美企業進行巨額收購，以歐美為立足點來擴張事業內容。

例如在配電部分收購了瑞士電機大廠 ABB；鐵路（信號相關）則以法國達利斯集團為目標；智慧製造方面則收購了美國 Global Logic，這樣的布局讓公司在歐美也有了立足之地，目前公司的競爭對手包括德國西門子等。

▶ 日立製作所針對淨零排放採取的做法 圖表 15-1

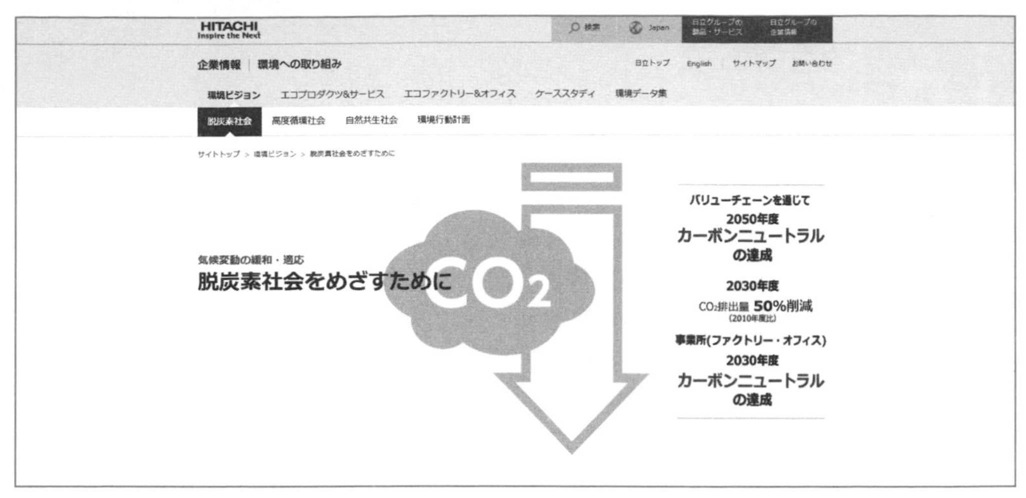

資料來源：日立製作所網站「對環境採取的做法」
https://www.hitachi.co.jp/environment/vision/low_carbon.html

○ 案例 2：大金工業

除了二氧化碳之外，為了實現脫碳社會必須減少排放的溫室氣體，還有甲烷、一氧化二氮及氫氟碳化物（請見 Lesson 1、9）。

空調所使用的冷媒，含有氫氟碳化物，其溫室效應速度要比二氧化碳快數百至數萬倍。因此大金工業等空調設備製造銷售廠商，採取了防止氫氟碳化物洩漏對策，另外也致力於開發和使用全球暖化潛勢較低的冷媒（圖表 15-2）。

▶ 大金工業改用全球暖化潛勢較低冷媒的做法 圖表 15-2

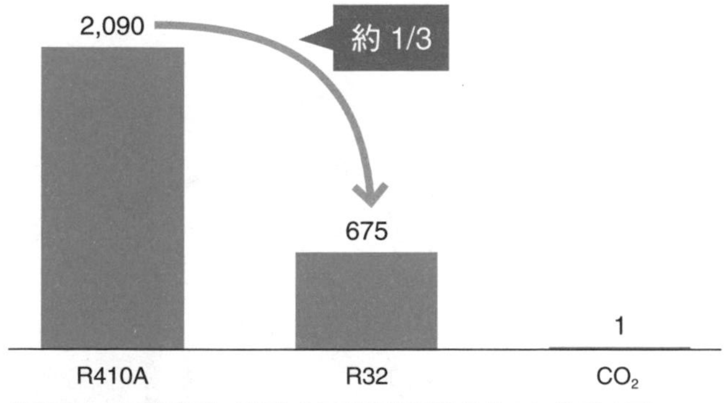

數字是全球暖化潛勢（將特定氣體與相同質量的 CO_2 比較之下，造成全球暖化的相對能力）
R410A 是傳統冷媒、R32 是大金工業採用的冷媒
積極開發全球暖化潛勢 10 以下的冷媒

資料來源：大金工業網站「冷媒與全球暖化」
https://www.daikin.co.jp/csr/information/lecture/lec06.html

Lesson 〔產業案例②〕

16 建築業

本課要點

不論在家庭生活或在辦公室工作，都會消耗大量燃料及電力。要實現建築物脫碳化，就必須要採用高隔熱效果的建材，搭配節能設備，並且善加利用再生能源。由此可見，建築業採取的做法是很重要的。

高隔熱效果建築有助於節能

現在在建蓋住宅和大樓時，特別注重是否具有高隔熱效果，以有效隔絕外部溫度對室內溫度的影響。想讓散熱不易的建築物減少冷暖空調的使用頻率，建議採行高隔熱化這一項重要的節能方法。

建築物內外的熱氣，大部分都是從窗戶等的通風口對流進出（圖表 16-1）。因此，若將一般窗戶玻璃改成多層玻璃，或是將隔熱性較低的鋁製窗框改成樹脂製或木製，就有助於室內的散熱，可以減少冷暖氣的使用。這樣不僅能維持建築物內舒適的溫度，對身體也不會產生負擔，從而實現更健康的生活，這就是所謂的健康價值。

在日本由於國家與地方自治體發放補助金，提高了使用高隔熱建材的意願，也增加隔熱改造工程的需求，這或許會成為許多企業的商機。

▶ 建築物的熱對流 圖表 16-1

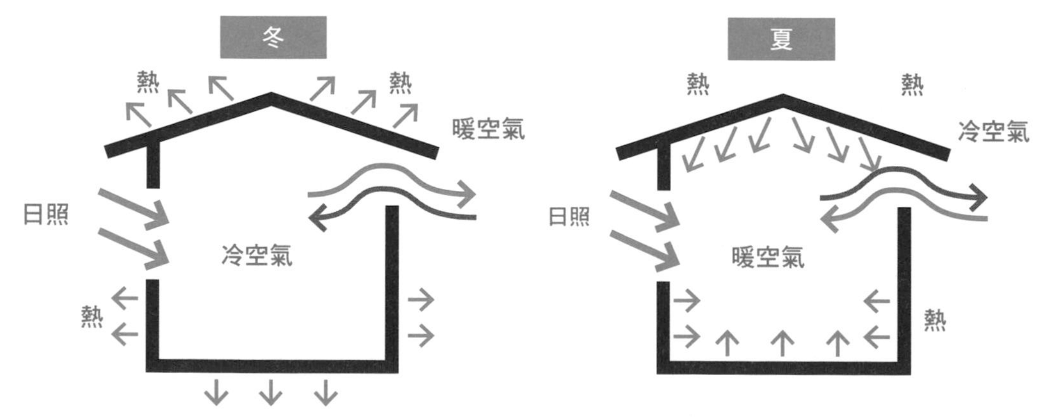

提高隔熱效果和減少熱對流是節能的重點

資料來源：資源能源廳「節能入口網站」

ZEH・ZEB

除了高隔熱化普及之外，越來越多住宅與建築開始使用高節能設備，以及利用太陽能發電等再生能源設備（圖表 16-2）。

其中，有一種稱為 Zero Energy House（零耗能住宅），簡稱 ZEH。這些住宅依靠太陽能發電，其所產生的能源遠超過使用量，所以淨能源消耗等於零。目前新自地自建住宅的 ZEH 比例已經增加到約莫 20% 以上。儘管在日本國內新自地自建住宅市場中，住宅戶數未增加，因此不能說這個市場有成長，然而在 ZEH 部分，市場確實是有成長。因為不僅大型企業，連中小型土木工程公司的建築數量也在增加。

另外還有 Zero Energy Building（零耗能建築），簡稱 ZEB。這不侷限於商業大樓等建築物，還包括像學校、醫院等建物。與 ZEH 相同，建築物樓層越高要達到零碳就越困難，因此比 ZEH 門檻更高，普及程度也比 ZEH 小。但如果以公共組織及具有高環保意識的建設業主為主導，那麼 ZEB 的數量也可能增加（圖表 16-3）。

▶ 零耗能住宅 圖表 16-2

因為高隔熱，
能源就不是絕對必要的
（夏涼冬暖的家）

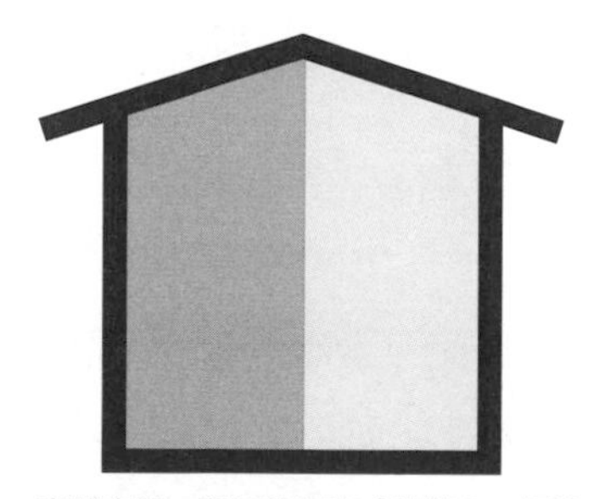

利用高性能設備有效活用能源

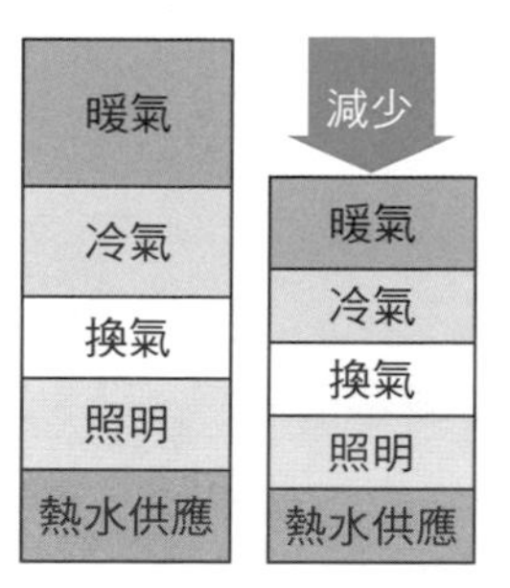

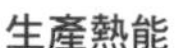

生產熱能

資料來源：資源能源廳「節能入口網站」

▶ 零耗能建築案例 圖表 16-3

開成町市政廳
構造：RC 造 +一部分 S 造
樓層數：地上三樓
總占地面積：1,893.19 ㎡

資料來源：神奈川縣開成町

Lesson 17 〔產業案例③〕零售業

本課要點

零售業的脫碳措施大致可分成①店鋪、倉庫的脫碳化；②商品物流的脫碳化；③處理商品的脫碳化。這些都需要仰賴物流業者、經銷商、供應商的通力合作才能達成，同時也需要取得顧客的理解與支持。

①店鋪、倉庫的脫碳化

零售企業最先可以做到的就是店鋪及倉庫的脫碳化。這包括引進再生能源，將建築物內所使用的石油及瓦斯器具改成電力器具，例如堆高機改為電動化。同時，減少購物袋及包裝容器的使用量，加強資源回收，以及提倡食品零售措施以減少食品的浪費等也都很重要。

②商品物流的脫碳化

接著也需要留意店鋪及倉庫外的溫室氣體排放。採購物流、銷售物流的脫碳化也很重要。另外，配送方式也要考慮進行脫碳化。可考慮卡車的電動化，甚至是貨運火車等的模式轉變（請見 Lesson 36）。與物流業者、經銷商等的合作也變得非常重要（請見 Lesson 18）。

如果要採取電氣化、電動化的做法，那麼電力就必須要脫碳化。要特別注意的是，發電廠排放大量二氧化碳後所產生的電力，並不具有脫碳效果（請見 Lesson 32、33）。

商品經銷的脫碳化

供應鏈如果要進行脫碳化，就需要留意所選擇要經銷的商品（請見 Lesson 11）。這包括商品的選擇及向供應商提出要求等。

一般來說，商品本身的資訊由廠商提供（圖表 17-1），但我們也期望零售商能向消費者傳達商品的脫碳價值，讓消費者了解。

▶ 商品上的生態標章範例 圖表 17-1

名稱	認證內容	商品範例
MSC「環保海鮮生態標章」	來自永續漁業的漁獲	水產、水產加工品
FSC 認證標章	來自適當良好管理的森林之產品	木材、紙製品
RSPO 認證標章	永續棕櫚油生產和使用	杯麵、清潔劑

永旺集團的案例

永旺集團排放的二氧化碳大約 90% 來自電力，因此，集團將重心放在電力的脫碳化上。他們希望 2030 年之前，將國內店鋪所使用的 50% 電力換成再生能源，並期望店鋪在 2040 年實現二氧化碳總量達到淨零排放。此外，永旺集團也有加入 RE100 倡議。

集團收購再生能源的方法之一，是從電力公司收購家庭用太陽能發電的剩餘電力。除了以電力公司所訂的單價來收購各家戶太陽能發電的剩餘電力外，也有提供永旺會員卡的點數回饋。顧客可使用點數來購物消費，這樣既能推動再生能源的使用，也可增加顧客到永旺集團消費的機會。

Lesson 18 〔產業案例④〕

物流業

本課要點

負責物品流通的物流業最感到困擾的是，配送使用的車輛及物流設施會排放大量的二氧化碳。因此必須積極採取能夠提高效率，而且又能減少二氧化碳排放的方法。以下介紹其中一個例子。

物流業以提高效率與減少二氧化碳為目標

運輸及物流領域溫室氣體排放量相當大，有報告指出其占日本能源使用所排放二氧化碳總量的 20% 左右。為此，環境省發表了「全球暖化對策計畫」，以逐步減少國內溫室氣體排放為目標。計畫中針對產業及運輸部門等領域提出具體的對策及措施，並提供有助於達到減排目標的方案。

物流領域主要的運輸方法是貨車運送。在車子當中，貨車的二氧化碳排放量特別大，所以物流業也努力思考各種能減少二氧化碳排放的對策。例如，提高貨車的載貨率以增加運輸效率；設置物流中心讓集貨與配送更有效率；將貨車替換成排放較少二氧化碳或低污染氣體的低污染車種（天然氣車、油電混合貨車）等。這些措施都有助於提高效率，降低運送成本及減少二氧化碳排放。

▶ 透過提高載貨率，提升運輸效率 圖表 18-1

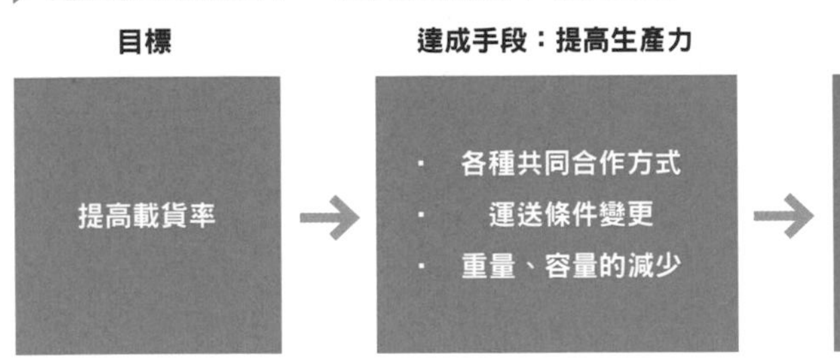

資料來源：摘錄自國土交通省資料「提高貨車運輸生產力方案之指導書」

物流業相關企業開始跨界合作

大型貨物集中在物流中心後再配送到各家庭及商業設施。在物流中心進行物品入庫、出庫的管理及保管等流程，最近已經不再由單一物流業者負責，而是由物流業者與出貨廠商等相關業者合作管理。這種合作模式能讓運送變得更有效率，還能減少二氧化碳的排放，同時有助於建構一個永續的物流系統。為了深化跨產業、跨業態之間的合作關係，日本國土交通省與經濟產業省、一般社團法人日本物流聯合會、公益社團法人日本物流系統協會與一般社團日本經濟團體聯合會也共同舉辦了「Green Partnership 會議（綠色合作夥伴關係會議）」。

郵件包裹配送的脫碳化：電動車與再生能源雙管齊下

引進電動車做為負責小型包裹及郵件配送的郵車，以減少配送時產生的二氧化碳。例如日本郵政集團為郵件與宅配龍頭，提出以「減少二氧化碳排放 16.9 萬噸」做為 2030 年環境目標，而實現的方法之一就是引進電動車及電動機車。目前已可見到越來越多的郵車在日本街道穿梭，證明引進數量確實有增加。另外，日本郵政集團更進一步表示，未來電動車數量將會繼續增加。

其他像是經營辦公室用品郵購的 ASKUL，提出「2030 年二氧化碳零排放」的目標。為實現這個目標，他們計畫在 2025 年將總公司及 9 個營業據點的電力再生能源使用率提升至 100%，並在 2030 年全面擴大至整個集團。ASKUL 的具體做法包括逐步將配送用小型貨車陸續換成電動車，以減少配送時所產生的二氧化碳；採用新的服務系統，以避免「再次配送」的情況發生。

在物流業，我們透過強化企業之間的合作來提高配送效率，並且推動配送車輛電動化來減少二氧化碳的排放。另外也引進再生能源。

專欄

Z 世代推動的氣候變遷因應對策

在要求應對氣候變遷採取對策的運動中，可看到Z世代相當活躍。所謂Z世代大致是指1990年代後期至2010年間出生的族群。他們因為不滿各國對氣候變遷漠不關心而進行抗議。2018年在瑞典國會議事堂前靜坐而聲名大噪的格蕾塔・童貝里也是Z世代的一員（2003年出生）。儘管認同格蕾塔的不僅僅是Z世代，但絕大多數Z世代年輕人確實與格蕾塔持相同看法。Z世代與前面一代千禧世代（大致指1980年至1990年代後期出生的族群）存在著跨世代不均的問題。

政治理論家的凱爾・米爾本指出，英國的千禧世代是歷史上唯一一個終生年資比前兩個世代低的世代，財富分配集中於高齡者，跨世代間不均現象相當明顯（吉爾・米爾本《左派世代》、齊藤幸平（監譯）、岩橋誠、萩田翔太郎（譯）、堀之內出版、2021年）。在這樣的背景下，對於「為了經濟發展而犧牲地球環境」的世代，和「必須在被犧牲的環境下生活的我們」這個世代進行比較後，人們對這種種的不公平有了各種批判。

在歐美各國，Z世代主要由移民、難民或是其後代組成。與其他世代相比，美國Z世代的白人比例較低，超過一半是非白人。這些年輕人認為明明是先進國家的成人世代大量排放二氧化碳，但現在卻得由開發中國家的未來世代承受其所造成的莫大損害，這是非常不公平。隨著平等意識抬頭，他們再也無法容忍不公平的待遇。

另外，Z世代的特點之一是人口眾多。歐美各國Z世代會受到關注主要正是因為「歐美各國的Z世代人口比其他世代多」（原田曜平《Z世代的年輕人為何會沉溺於IG、TikTok呢？》光文社新書、2020年）。

然而，由於少子化的關係，日本年輕人的數量卻逐漸減少。雖然日本Z世代沒有移民、難民或是其後代，但日本也有許多年輕人熱衷且積極參與活動。我們應該從現在開始就要讓孩子們了解永續發展目標（SDGs），Z世代甚至是下一個世代在了解這些相關議題後，應該也會對此提出更多想法吧！

Chapter 3 了解能源使用狀況並減少能源使用

本 Chapter 會探討，藉由減少能源使用以降低二氧化碳排放量的方法。

Lesson 19 〔節能定位〕

需要節能的理由

本課要點

為了實現脫碳社會，減少能源消耗及節約能源變得更為重要。一般來說，節能在成本效益方面表現最佳，且效果迅速，因此可把它當成首要措施。

為何需要能源？

日本溫室氣體排放量中，其中九成來自能源使用所排放的的二氧化碳。接下來，我們簡要概述二氧化碳減排的方法。

如 圖表 19-1，影響溫室氣體排放量的主要原因為①與②。本 Chapter 我們將探討降低①的方法（降低②的方法是改變電力及燃料。在 Chapter4、5 討論）。

究竟為什麼我們要使用能源呢？能源是為了讓機械設備、建築物及軟體等運作。若沒有能源，那麼這些所謂的「文明利器」將無法運作，進而影響到我們的生產和消費活動。因此，不論是企業活動還是日常生活，都無法避免使用能源。

▶ 分解溫室氣體排放量的主要原因 圖表 19-1

溫室氣體排放量＝
能源使用量──①
× 來自能源的 CO_2 排放量／能源使用量──②
＋其他的溫室氣體排放量

有辦法減少能源的使用量嗎？

如果擔心減少能源使用會帶來不便，那麼減少能源使用確實會變困難。其實生活當中還是有些能源被浪費掉，因此即使是必要能源，在某些方面依然可以減少使用量。例如就算是帶來方便的「文明利器」，也不能讓他們成為能源大食怪，將設備換成耗能較少的新選擇，就能減少能源使用量了；採用自然光線的建築物可以降低照明能源的需求；短程開車改成騎腳踏車等等，都能減少能源消耗。

總結來說，能源是必需的，但只要善加利用節能高效設備，還是能減少能源使用量。

在企業活動方面，需要平衡節能和生產力的關係，以免過度節能而影響生產力。在生活中，人們對節能的忍受度還是有極限的。因此，我們應該思考如何兼顧生產力與節能以及方便性與節能。

節能的重要性

以現在來說，實現電力與燃料的脫碳化需要相當龐大的成本，可能需要花費好幾年的時間才能夠普及。關於這部分 Chapter 4 會再詳細說明。

雖然，節能也是需要投資成本，但一般來說，節能無論是在減少溫室氣體排放，還是增強產業競爭力方面，都是成本效益很高的方法。首先，避免能源浪費，提升能源利用效率是很重要的。

重點　節能的意思

節能英文中常被稱為 Energy Saving 或 Energy Conservation，意指節省或節約能源，同時也有「有效使用能源」的意思。此外，有時也會以 Energy Efficiency & Conservation（能源效率和節約）來表示，我認為這才是我們該努力的方向。

SDGs（請見 Lesson 5）中，提出一個目標是「在 2030 年前，將全球能源效率提高一倍」（目標 7 中的細項目標 7.3）。

Lesson 20 〔節能目標〕

必須要減少多少的能源使用量？

本課要點

在 2030 年度必須減少 46% 溫室氣體排放量的目標下，所有部門面臨巨大的節能壓力，尤其是工業部門及運輸部門，他們需要更努力節省更多能源。現在我們來看看日本在節能目標及對策方面的執行狀況吧！

○ 節能目標

即使已經有採取節能措施的企業與家庭，也希望能夠更進一步節約能源。

2030 年度的溫室氣體減排目標從原本的 26% 提高到 46%，這意味著節能目標提高了 20% 以上。每個部門都要重新訂定減排目標（圖表 20-1）。不僅僅是企業活動，連家庭日常生活所使用的能源，都要進行大幅度調整，以達到節約能源目標。

▶ 日本節能量目標（提高目標前與後）圖表 20-1

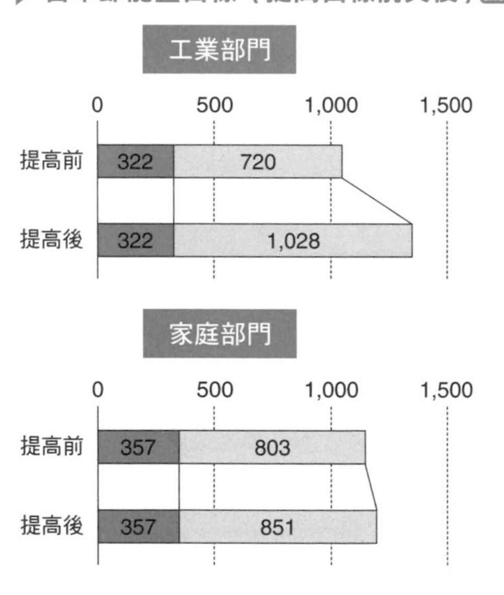

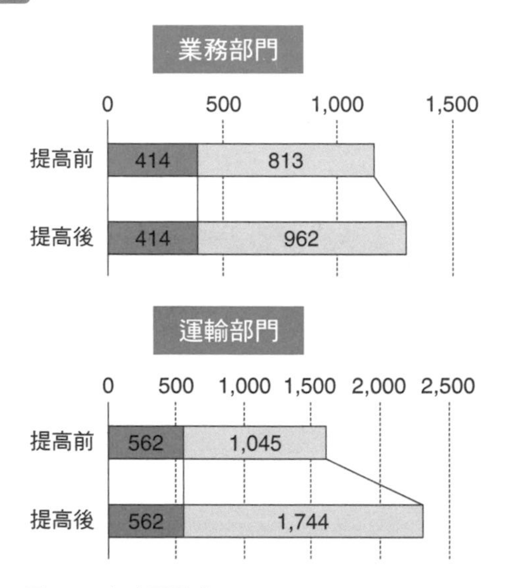

單位為油當量（萬 kl）
數字為 2013 年度以來的節能量（能源減排量）
資料來源：參考資源能源廳資料「2030 年度能源需求預測」，Technova 製作

節能目標能夠達標嗎？

日本的能源使用量逐年減少，因此看起來好像只要能持續下去，就可以達成減排目標。但仔細觀察可知，要達成目標其實並不那麼簡單（圖表 20-2）。

節能措施從成本效益高的項目開始實施，其中最典型的例子是換用 LED 燈。LED 燈的成本效益高，大概 3 年左右就能夠回收投資，因此較容易被接受，且能夠帶動節能風潮。然而，由於 LED 燈的使用已相當普遍，對未來節能效益所能提供的貢獻十分有限。在 Lesson 19 曾說明節能的成本效益很高，但是當節約能源措施實施到一定程度，剩下的就是成本效益較低的項目，因此投資門檻便會提高。然而，若不持續投資，就無法達到節能目標。

對社會來說，不僅需要開發新技術以提升成本效益，還要提供足夠的投資誘因，同時也需要企業和家庭在投資與實施上全力以赴。

▶ 日本針對節能目標（提高前）所採取對策的進度 圖表 20-2

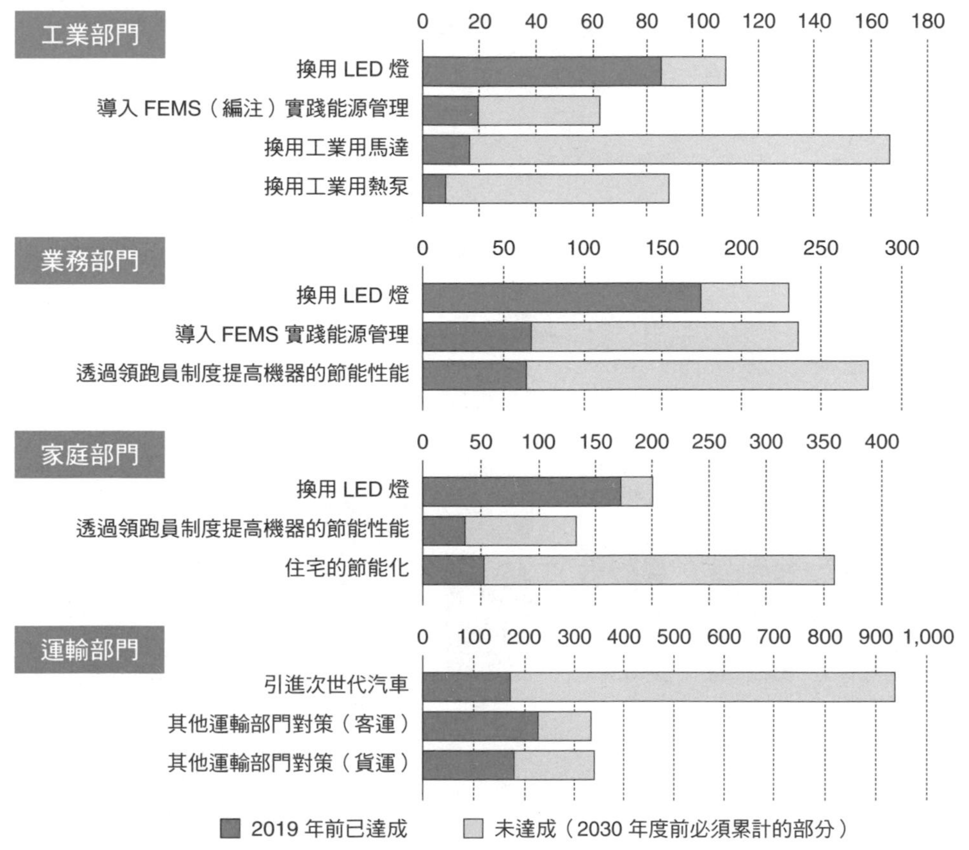

單位為油當量（萬 kl）
從 2013 年度開始的節能量（能源減少量）
※ 圖為 2030 年度目標值提高前之數值。因為決定拉高目標值，必須累計的數值實際上會再增加

資料來源：參考資源能源廳資料，Technova 製作

編注：FEMS 是工廠能源管理系統，用來監控並優化生產過程中的能源使用狀況。透過科學化的方式有效管理能源分配與消耗，幫助擴大產能的同時，合理有效地利用能源

21 了解能源使用的實際狀況

本課要點

採取脫碳行動之前，最好先了解自家公司、集團及家庭的能源使用狀況。這包括了解究竟使用多少電力及燃料，並檢查是否存在能源浪費的情況。

了解能源使用狀況

「在所屬的組織及家庭內，究竟使用了多少能源，而使用最多的又是哪一部分的能源呢？」

其實，只要估算一下我們能源使用的狀況，就可以更精確且合理地使用能源。這樣也可以讓我們更清楚知道，哪一項節能設備應該要優先投資。

在能源使用方面上，公司等組織跟家庭會有不同特性。再者，即使同樣都是公司屬性，也會因業種與工作場所的不同而有所差異（圖表 21-1）。請務必了解，自己在哪一個領域使用掉最多的能源。

▶ 各建築物用途、各種能源使用比例 圖表 21-1

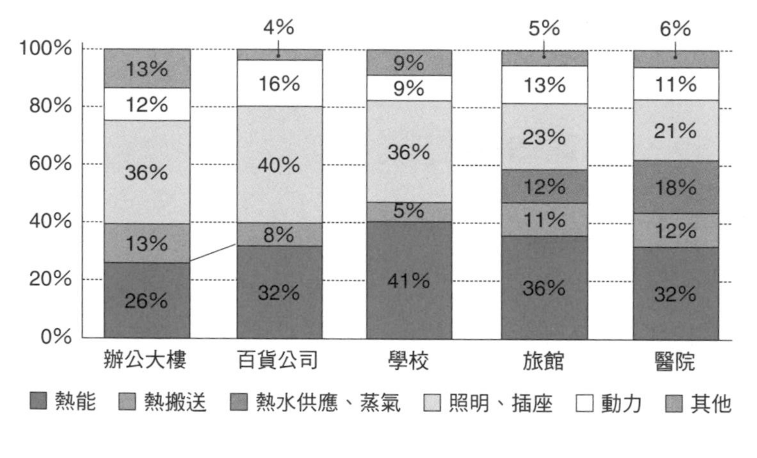

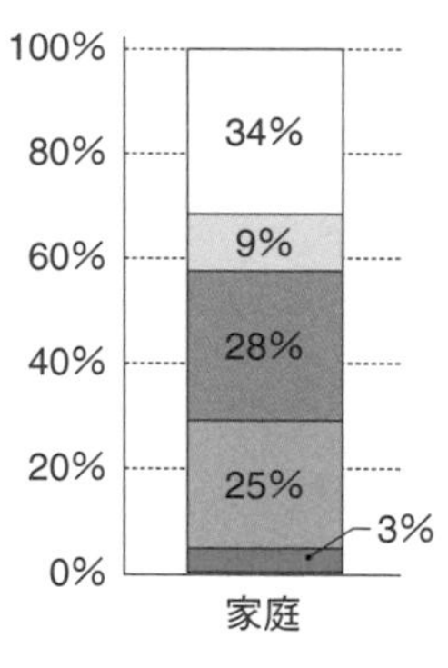

資料來源：環境省「ZEB PORTAL」、資源能源廳「節能入口網站」，Technova 製作

能源管理系統

雖然我們都該了解自己的能源使用量，但要在日常工作及生活中逐一計算是很困難的。如果都採用人工計算方式，應該會很費工夫吧！

因此，引進一種能夠自動計算能源使用狀況，並將結果通知給公司員工或家庭成員的系統，將對大家皆有所助益。透過能源管理系統，我們可以輕鬆掌握能源使用狀況，而如果有發電設備的話，也能同時了解發電狀況。

視覺化→效率化→最優化的實現

能源管理系統包括家庭用的 HEMS（Home Energy Management System）、大樓等建築物用的 BEMS（Building Energy Management System）、工廠用的 FEMS（Factory Energy Management System）等。能源管理系統主要功能，是將從感應器或網路收集到的數據加以分析，並執行適當的能源管理。

儘管不同的能源管理系統商品所具備之功能各異，但只要善加運用，就能先期待能源使用狀況視覺化（圖表 21-2），接著是效率化，最終達到最優化的能源利用。此外，透過人工智慧技術，系統還能做出最恰當的能源運用。例如控制空調、風扇、窗戶等設備。適當地運用人工智慧（AI），就能從建物內部等地方節省下不少能源。

▶ 測量數據視覺化的假想圖 圖表 21-2

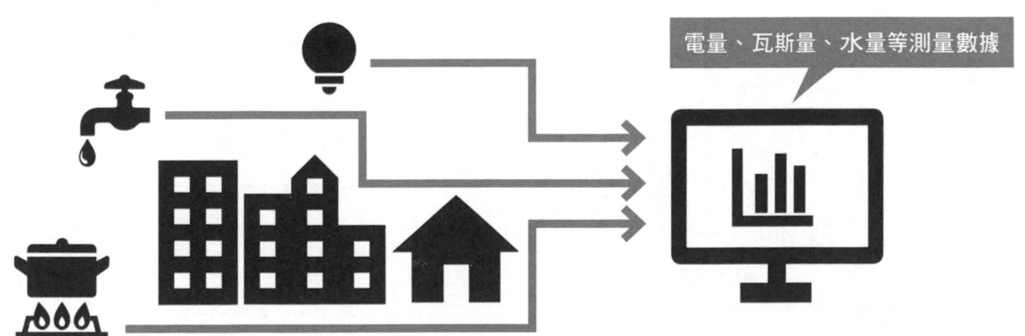

利用能源數據來改變能源的使用，實際上和利用數據及數位技術進行商業革新的「數位轉型（DX）」密切相關。

Lesson 22 〔節能的方法〕

如何減少能源的使用

本課要點

究竟能節省多少能源呢？不論工業、業務、家庭、運輸等領域，或者能源轉型方面，各自都有潛在的節省空間。讓我們試著想看看減少能源使用的方法。

全球暖化因應計畫中的對策

日本的全球暖化因應計畫中，各個部門都提出了溫室氣體減排的對策（圖表 22-1）。其中，運輸部門、能源轉換部門的對策將在下一個 Chpater 來說明；「徹底實施能源管理」是在 Lesson 21 介紹的能源管理方法；「住宅、建築物的節能化」則在 Lesson 16 曾介紹過。

在本 Lesson，我們將從其他對策來說明執行方法。

▶ 全球暖化因應計畫中的對策（節能相關）圖表 22-1

	工業	業務	家庭	運輸	能源轉型
促進產業界的自主行動	○	○		○	○
透過跨產業合作來推動節能	○				
推動高效節能設備、機器	○	○	○		
徹底實施節能管理	○	○	○		
轉向脫碳生活型態		○	○	○	
住宅、建築物的節能化		○	○		
推動數位機器、產業響應環保		○			
擴大能源使用範圍		○			
道路交通流量對策				○	
推動環保汽車的使用，促使汽車運輸業響應環保				○	
推動大眾運輸及腳踏車的使用				○	
鐵道、船舶、飛機的對策				○	
推動脫碳物流				○	

資料來源：環境省「全球暖化因應計畫」，Technova 製作

促進產業界自主採取行動

自從 1997 年發表了「經濟團體聯合會環境自主行動計畫」之後，各業界團體自主設定了溫室氣體減排目標，並開始推動各項對策。各業界團體所策畫訂定的低碳社會實行計畫，在產業界中被視為整個對策的重點。由於不同業界特性各異，計畫內容也會有所差異，因此只需確認自身公司所屬業界計畫就可以了。

產業界所做的努力不僅僅是減少自身公司溫室氣體的排放，也希望透過素材輕量化、高機能化，以及開發高能源效率的脫碳產品和服務等，對整體社會的節能計畫做出貢獻。

高效節能設備、機器範例：汽電共生系統

做為高效節能的設備和機器，有一項非常重要的技術就是汽電共生系統（Cogeneration System）。

汽電共生是同時生產、提供電力及熱能的系統（圖表 22-2）。這種系統可以將發電過程中產生的熱能（例如引擎、渦輪、燃料電池的熱能）用於熱水供應方面。

實際上，熱能是不易輸送的，像這樣在家庭內或附近等地方發電，再直接使用發電後所產生的熱能，就能同時有效利用電力及熱能。

汽電共生能是一種節能效果相當高的系統，能有效利用燃料本身 75 ～ 80% 的能源。再者，由於它是在家裡自行發電，遇到災害時也不容易停電，能保持電力供應的穩定，因此汽電共生也具有彈性（恢復力）這項優點，期待將來能擴大利用。

▶ 汽電共生系統的運用 圖表 22-2

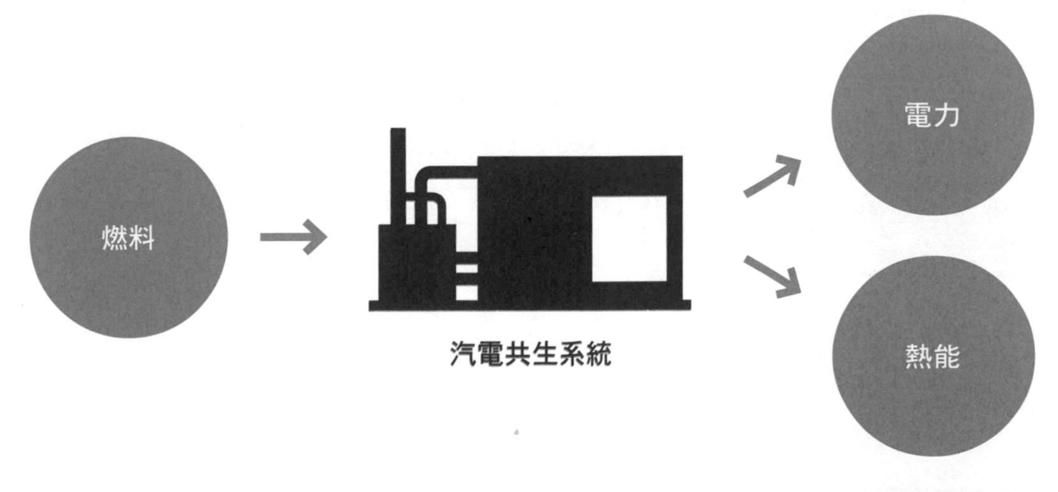

NEXT PAGE →

○ 促進高效節能設備、機器的使用

為了讓消費者及零售商更容易取得和比較家電產品等的節能效率資訊，商品上應該要有詳細的標示，並建立完善的資訊共享機制。

在統一的節能標籤上，除了要標示出商品從 1.0 ～ 5.0 之間 41 個多階段評價分級的節能效果外，也應該要標示每年大概的能源費用（圖表 22-3）。在節能型商品的資訊網站上，要彙整各產品的節能效果資訊，並提供不同廠牌的比較數據（圖表 22-4）。

▶ 統一的節能標籤 圖表 22-3

新標籤 3 大重點

重點 1　多階段評價分級
按照市面上商品的節能效率高低順序，從 5.0~1.0 共 41 階段來標示

重點 2　節能標籤
領跑員制度中，標示出每種機器分類所訂定的節能標準完成程度

重點 3　每年能源費用（估算值）
使用該產品 1 年的經濟效益，以每年能源費用（估算值）來表示
※ 所謂每年能源費用（估算值），就是估算一年電費、瓦斯費以及煤油費等大概金額

資料來源：資源能源廳「統一節能標籤改變了」
https://www.enecho.meti.go.jp/category/saving_and_new/saving/enterprise/retall/touitsu_shoenelabel/

▶ 節能型產品資訊網 圖表 22-4

資料來源：資源能源廳「節能型產品資訊網」
https://seihiniyoho.go.jp/

轉向脫碳生活型態

希望減少能源使用，每一個人的生活型態也需要改變（圖表 22-5）。

例如工作或日常購物等從實體轉變為虛擬，隨著網路的發達，人們充分運用數位技術的服務也與日俱增。如果透過電子服務就可以滿足顧客的需求，那麼就能減少一部分製造和運輸的人力成本，進而減少能源的使用。

除此之外，共享經濟也能帶來減少能源使用量的效果。儘管新冠肺炎疫情蔓延，使得共享經濟發展進程稍有後退，但仍然可預測其將成為推動脫碳社會的一股助力。

對於向消費者提供商品及服務的企業來說，提供與節約能源相關的商品或服務變得越來越重要了。

▶ 脫碳生活型態範例 圖表 22-5

餐飲	・減少食品浪費 ・食材產地自銷	
移動	・推動大眾運輸的利用 ・利用遠距辦公 ・實施環保駕駛	・活用線上服務 ・汽車共享
居住	・實施隔熱改建 ・新住宅朝淨零能耗邁進 ・改用再生能源	

資料來源：環境省「全球暖化因應計劃」，Technova 製作

重點　人口與產業的變化

在 Lesson 19 已經說明，能源對企業活動及社會生活的必要性。但反過來說，如果人口及產業規模縮減，那麼必要能源的使用量就會減少。

日本國內人口數確實逐漸下滑。那麼，產業將如何變化呢？雖然人口減少確實會影響產業，但除此之外，我們同時也要考慮其他影響產業規模縮小或擴大的各種因素。無論如何，產業空洞化導致能源使用量減少，絕非大家所期待的結果。從節能角度來看，我們應該要提高能源使用效率，努力維護和擴大產業，同時減少能源使用量。

商品、服務生命週期評估

本課要點

商品及服務從製造、提供開始，一直到使用、廢棄為止的各階段都會使用到能源，同時也會排放二氧化碳。因此，提高對整個生命週期的認識變得更重要。讓我們一起來了解生命週期評估的概念吧！

生命週期評估

商品會歷經幾個階段，包括購買原材料、製造零件、搬運零件、組裝零件、包裝、搬運商品、店鋪販售、使用以及商品廢棄或回收。服務也是如此。在每個階段都會使用能源，並排放包含二氧化碳在內的溫室氣體（圖表 23-1）。

而評估商品與服務的整個生命週期當中，二氧化碳排放量、溫室氣體排放量就是所謂的生命週期評估（Life Cycle Assessment，LCA）。評估出來的二氧化碳排放量、溫室氣體排放量又稱為生命週期二氧化碳排放量（LC-CO_2），以及生命週期溫室氣體排放量（LC-GHG）。

▶ 商品、服務生命週期中所排放的 CO_2 圖表 23-1

從資源開採到原材料生產、輸送、消費、廢棄、回收為止，在各階段使用能源後所排放的 CO_2

生命週期評估及碳足跡

「生命週期評估」是以定量分析的方式，評估商品及服務的整個生命週期對環境造成的影響。評估對象不限於溫室氣體，還包括有害化學物質與會破壞臭氧層的物質，範圍相當廣泛。生命週期評估也可做為評估環境影響的標準方法。

此外，我們也經常會使用碳足跡（Carbon Footprint of Product，CFP）這個概念。碳足跡是將整個生命週期所排放的溫室氣體標示於商品及服務上，善加運用生命週期評估方法，但碳足跡的評估焦點僅限於溫室氣體。

購買、販售商品和服務時考慮生命週期評估

當工廠選購零件時，應考慮該零件造成的環境影響及其溫室氣體排放量。對於銷售方而言，應提供零件的環境負擔、溫室氣體排放之定量數據。如果評估指標顯示低排放和低環境影響，則可把它當做商品附加價值來宣傳。在 圖表 19-1 可以看到，越是能抑制能源使用量，溫室氣體的排放量就會跟著減少。控制生產過程中的能源使用量，將有助於提高商品的附加價值。

注意碳鎖定效應

在選購商品後，我們也要特別留意能源總消耗量，特別是像家電、汽車等這類會長期使用的產品。因為這些設備將會使用多年，所以在汰舊換新時，選擇更顯得重要。在工業設施中，更換大型設備的常見週期大約是每 20 年，這意味著現在購買的設備將使用到約 2040 年。若是新建住宅和大樓，使用期限可能會延續到 2050 年，甚至整個世紀。隨著時間推移，能源消耗和二氧化碳排放的影響將是長期性的，這些設備的使用效率將越來越影響其競爭力。

所謂碳鎖定效應，指的是持續使用高碳排放設備所造成的環境問題。因此，對於長期使用的產品，選擇能源效率高的選項變得格外重要。

專欄

隨著 AI 普及，能源消耗會增加還是減少？

今後，人工智慧（AI）一定會普及與擴大。隨著 AI 的普及，能源消耗究竟會增加，還是減少呢？

從經濟學的角度來看，在經濟成長過程中，機械化的普及使得勞動力被機器和設備所替代，我們稱為替代資本勞動。企業為了要賺取更多資本（機械設備、軟體、建築物），通常需要擴大能源的投入。AI 取代人力也是一種資本替代勞動現象，且需要更多電力來運行這些智能系統，在這種情況下，能源的使用量可能會更多。畢竟，人類大腦運作只需要些許能源，但啟動 AI 卻需要許多電力。隨著 AI 擴大應用，電力的需求也會相應增加。

然而另一方面，使用 AI 卻也同時能抑制能源的消耗。透過智能能源管理系統，節約能源效果會更大，如此便能減少能源消耗。利用 AI 實現節能的做法非常多。以物流業為例，隨著線上購物蓬勃發展，商品配送需求大幅增加，物流業者的當務之急是減少再次配送的頻率。換句話說，對物流界而言，如何平衡業務效率及減少二氧化碳排放是雙重挑戰。面對這情況，一些企業開始使用 AI 來優化配送路線，以配合收件者的時間。

如果能夠讓效果最佳化，同時讓 AI 更省電，那麼 AI 所節約下來的能源量就可能高於本身的消耗量。此外，包括美國的大型 IT 企業在內，許多運營伺服器的企業已經使用了相當高比例的再生能源。因此，即使使用 AI 增加電力需求，企業還是可以透過使用再生能源來抑制溫室氣體的排放，這應該也算是一種因應對策。

我們可期待，包含 AI 在內的數位技術將有助於節能領域的進一步發展。但這些技術也可能會消耗掉龐大的電力，因此，節電和電力脫碳成為非常重要的關鍵。

Chapter

電力脫碳化

本 Chapter 將一起理解什麼是電力脫碳化，並且思考實現的方法。後半部則會解說運輸部門的電氣化。

日本的電力消耗現狀及目標

本課要點

在日本，因電力所產生的二氧化碳排放量占整體排放量的四成左右。為實現脫碳社會，就必須考慮電力脫碳化。現在來確認一下，日本的電力消耗現狀及目標吧！

日本的電力消耗現狀

在日本，發電廠消耗的電力大約有 1 兆 kWh。讓我們了解一下電力的構成比例，在 2011 年東日本大地震後，核能發電減少，火力發電填補了這一空缺（圖表 24-1）。因火力發電成為電力供應的主要來源，所以二氧化碳排放量的增加已成為一個重大問題。

▶ 日本各種電力供應的發電量演變 圖表 24-1

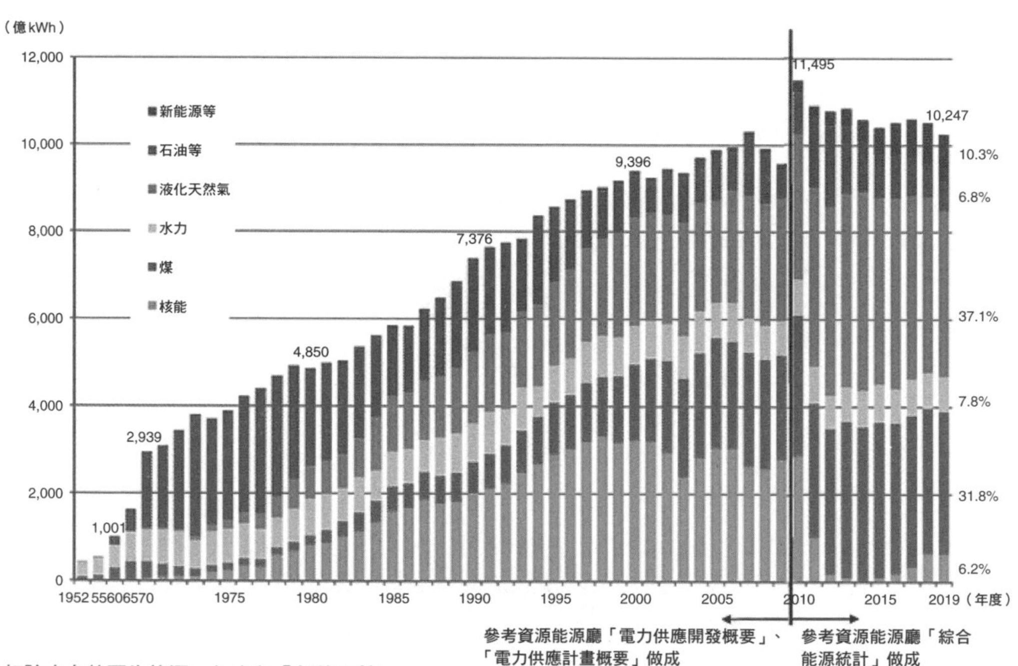

扣除水力的再生能源，包含在「新能源等」

資料來源：資源能源廳「能源白皮書 2021」

編注：在台灣，因電力所產生的二氧化碳排放量占總體排放量的六成左右

2030 年（年度）的電源供應比例

2030 年的脫碳電力來源，主要將依賴於再生能源及核能（圖表 24-2）。

根據 2020 年的快訊資料，再生能源的電力供應比例為 19.8%，政府設定了在 2030 年度達到 36 ～ 38% 的目標。而核能的電力供應比例為 3.9%，政府則計劃在 2030 年度將這一比例提升至 20 ～ 22%，但目前看來，達成此目標的可能性很低。這是因為政府並未考慮新增核能發電的設施（截至 2021 年），在缺乏新增設施的情況下，實現目標將會很困難。儘管 2030 年再生能源占電源供應比例 36 ～ 38% 的目標相當難達成，但仍有不少人對此抱持期待。

▶ 日本電力供應比例的現狀與目標 圖表 24-2

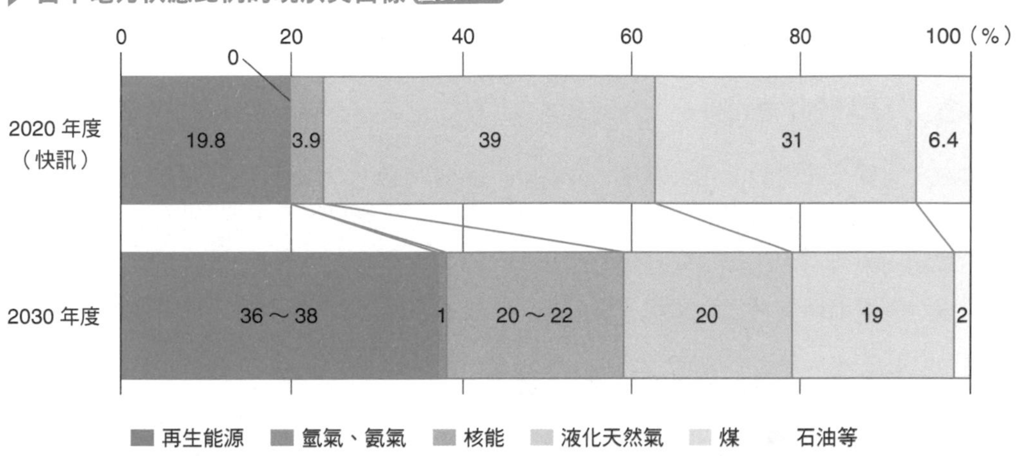

資料來源：資源能源廳「第 6 次能源基本計畫」、「令和 2 年度（2020 年度）能源需求實績（快訊）（令和 3 年 11 月 26 日公開）」，Technova 製作

2050 年的電力供應比例

以實現 2050 年淨零排放為前提，目前主流意見是再生能源的供應比例要達到五至六成左右。其他電力供應方式包括氫氣、氮氣火力、核能、隨附 CCS※ 技術火力發電。

無論人口是否減少（2020 年：1 億 2,623 萬人→ 2050 年：預計約 1 億人），由於電氣化程度的提高，人們將更廣泛使用電力，預計 2050 年的發電量應該會比現在更多。因此，實現電力脫碳化變得更為重要。

※「Carbon dioxide Capture and Storage」的縮寫，日文又稱為「二氧化碳捕捉與封存」技術（請見 Lesson 55）

Lesson 〔電力現狀②〕

25 各國的電力情況

本課要點

想在海外擴展事業的話，就必須了解其他國家的電力狀況。按照國家、地區的不同，應該要審慎選出一個最恰當的電力籌措方法。所以我們先來了解一下各國、各地區不同的電力狀況吧！

電力現狀①歐洲

在歐洲，電網分布的範圍相當寬廣，並持續朝著擁有國際水準的電網設備進行強化。電網向東西南北延伸，而且電力能跨越國境，暢通無阻地傳送到各地。這個地區的特色是大多數地方都能輕鬆取得能源，例如北、中歐有充足的水力發電，德國與丹麥有風力發電等。從整體來看，再生能源的普及率相當高（圖表 25-1）。

▶ **歐洲各國的電力供應比例（2019 年）圖表 25-1**

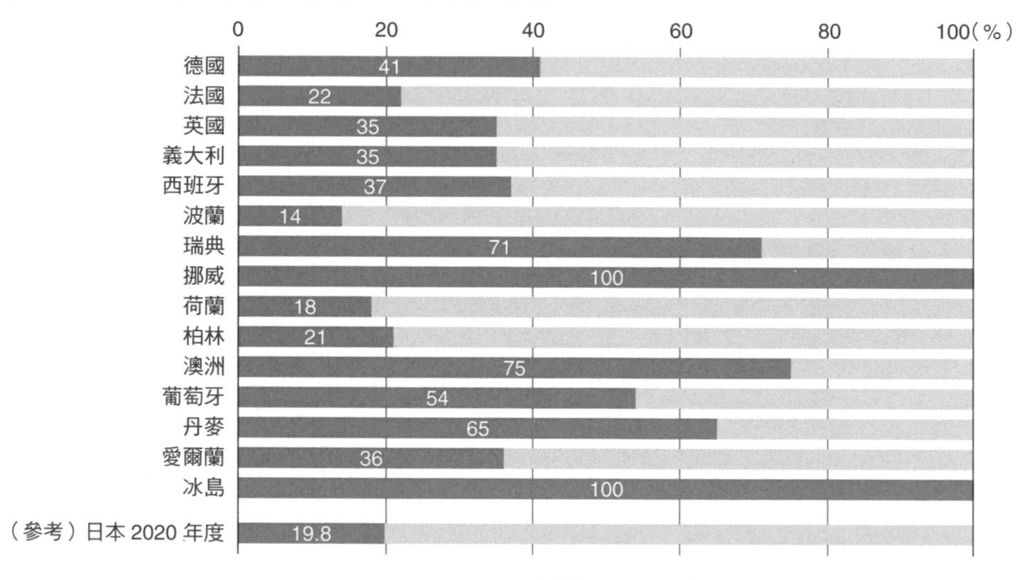

資料來源：歐洲委員會 eurostat 資料，Technova 製作
日本的數據是資源能源「令和 2 年度（2020 年度）能源供需（快報）（令和 3 年 11 月 26 日公布）」

○ 電力現狀②美國

在美國，每一州的電源供應比例以及電費都不同，州與州之間的差異很大。另外也會進行跨州的再生能源電力交易，但因為電網並不像歐洲那樣穩固，所以當颶風或森林大火發生時，隨時都有可能停電。

而政權的改變也會影響美國對再生能源政策的態度。從 2021 年開始，因為對環境政策相當重視的民主黨拜登獲得政權，美國對於再生能源政策給予很大的支持。

此外，政策也會因為州的不同而有所差異，例如加州，就以推動重視環境政策而聞名。

○ 電力現狀③中國

中國的風力、太陽能發電量都有增加的趨勢。過去雖然因為送電能力不足而產生無法送電的高「棄電率」問題，但近幾年電網的維護保養獲得改善，年年都有進步。

中國的水力發電量也相當充足，全球最大的三峽大壩發電廠（2,299 萬 kW）以及位居第二的白鶴灘水力發電廠（1,600 萬 kW）都在中國，可見還有相當大的開發潛能。

中國在電力發展中積極投入核能發電，也是其特色之一。中國興建的核能發電廠是世界上最多的，大概占全世界的三成以上。

另一方面，中國的發電量有六成來自於以煤做為原料的火力發電，雖然比例逐漸下降中，但為了滿足經濟成長所需的大量電力，火力發電的使用總量卻是持續增加的。不過由於燃煤會造成空氣污染，人們正積極改用天然氣等來發電。

▶ 中國的電力供應比例（2019 年）圖表 25-2

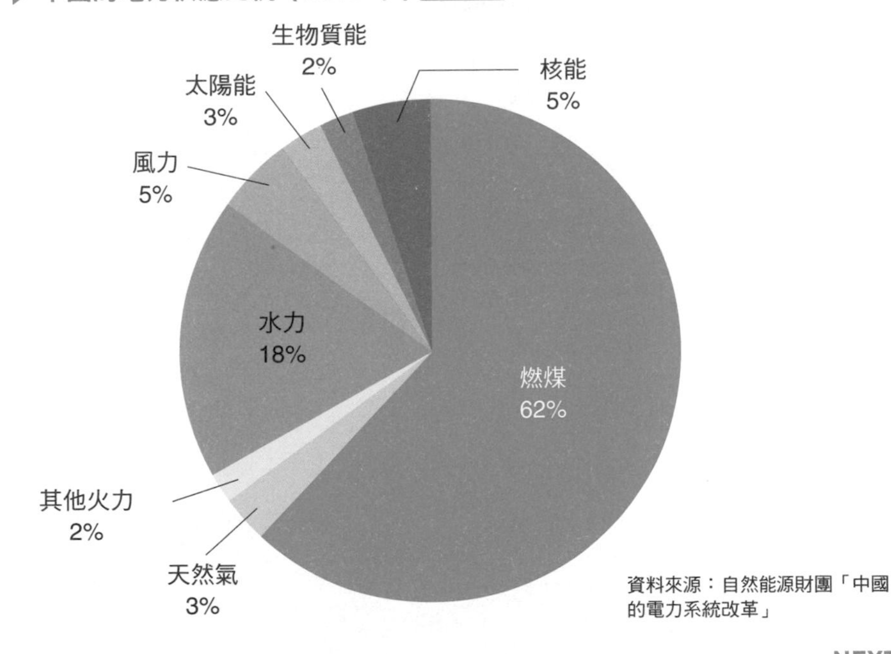

資料來源：自然能源財團「中國的電力系統改革」

電力現狀④新興國家、開發中國家

新興國家與開發中國家的用電現狀非常複雜且多樣。在非洲及亞洲當中，有些國家的電力尚未普及，因此他們的目標就是讓電力普及。事實上，再生能源在這方面也發揮了作用，因為即使在電網不發達的地區，也能夠利用簡單的太陽能發電系統及日照發電，讓自己有電力可以使用。

隨著電力需求的增加，我們更需要思考從更多且更安定的管道來獲得電力。大多數新興國家與開發中國家都處於人口增加、經濟發展、電力需求增加的狀況（圖表 25-3）。這個趨勢會讓全球的二氧化碳排放量增加，因此對這些國家來說，電力的脫碳化也就變得至為重要。

▶ 各地區發電量趨勢及預測 圖表 25-3

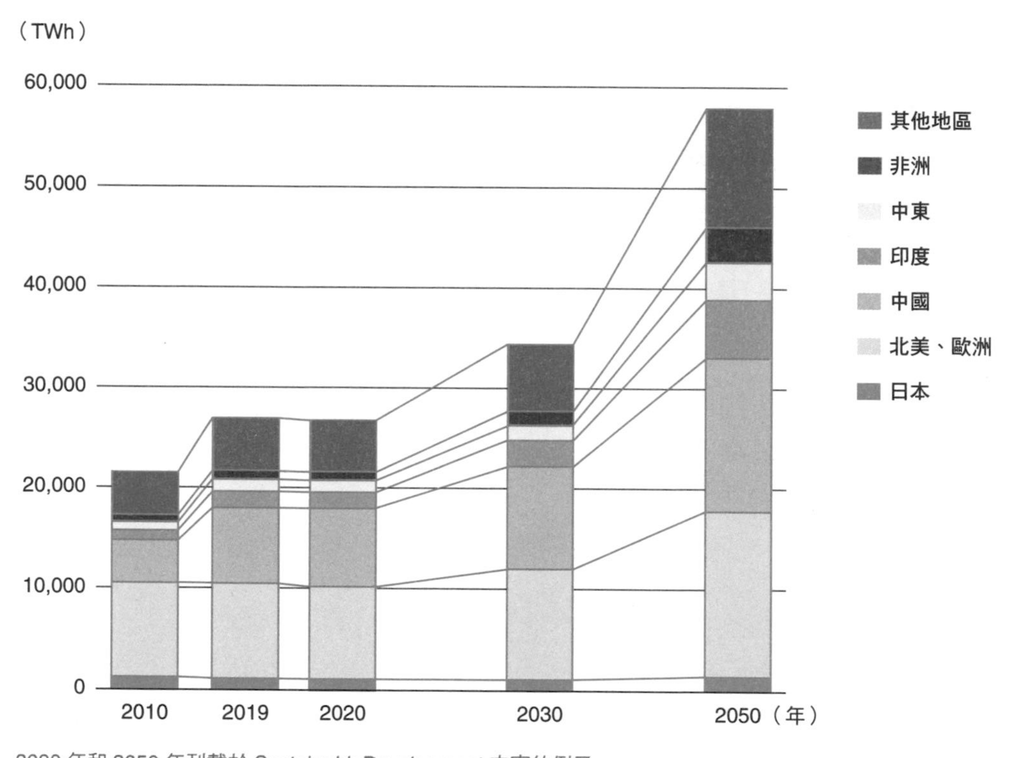

2030 年和 2050 年刊載於 SustainableDevelopment 方案的例子
資料來源：IEA「World Energy Outlook 2021」，Technova 製作

Lesson 〔火力發電的概況〕

26 位於岔路口的火力發電

本課要點

火力發電會產生相當多的二氧化碳，提出對策乃當務之急。這對像日本這樣以火力發電為主的國家來說，將會帶來莫大的影響。讓我們一起看看火力發電的脫碳行動吧！

火力發電的結構

火力發電是利用燃燒化石燃料所產生的熱，將鍋爐內的水加熱，使其成為高溫、高壓的水蒸氣，然後再以水蒸氣來推動汽輪機發電（圖表 26-1）。根據燃料的種類，有燃煤發電、燃氣發電、燃油發電等各種發電方法。

太陽能、風力等發電量變動較大，當這些發電方式的使用量增加時，火力發電在電力供需平衡中更是扮演著重要的角色（請見 Lesson 45）。

▶ 火力發電的結構 圖表 26-1

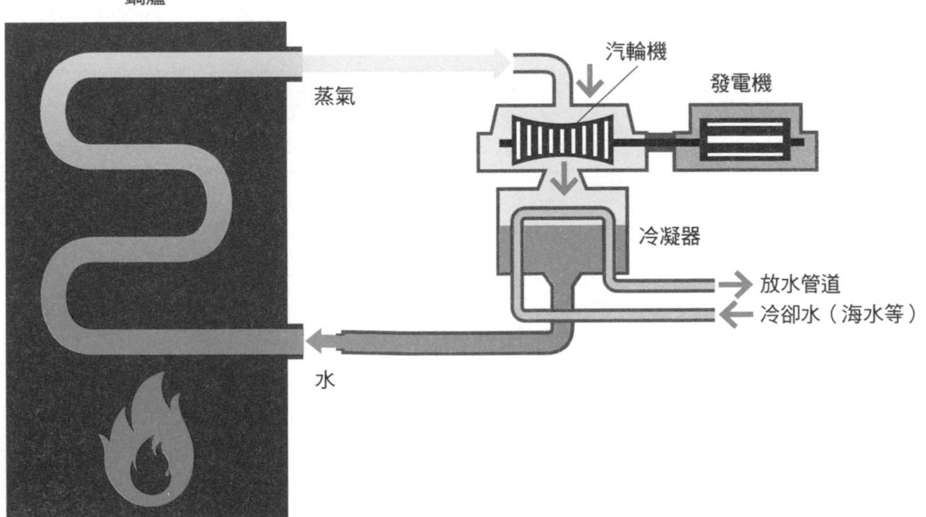

透過水蒸氣（或氣體）驅動汽輪機旋轉，進而帶動發電機發電。利用旋轉來發電的方式，常見於許多類型的發電

火力發電面臨的問題

火力發電目前正陷入進退兩難的窘境。它會大量排放二氧化碳，所以受到很強烈的反對，甚至出現了縮小規模及廢除的聲音。日本於是計畫廢除二氧化碳排放量較高的燃煤發電，但留下了某些像是二氧化碳排放量較少的超超臨界燃煤發電（USC）和整合型氣化複循環發電（IGCC）等燃煤發電。

不過，上述兩種發電所排放的二氧化碳比起燃氣發電所排放的還是要多很多，所以這樣的做法難以完全獲得國際的理解。

另一方面，目前大家對燃氣發電的反對聲音並不多，甚至希望它能取代燃煤發電。但有一點還是要特別注意，雖然比起煤及石油，燃氣發電的二氧化碳排放量較少，但還是會排放出大量二氧化碳。

▶ 火力發電 CO_2 排放量 圖表 26-2

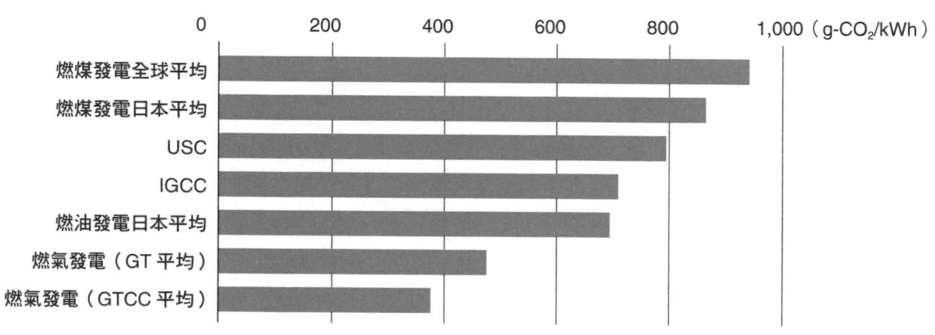

資料來源：資源能源廳「各國不同燃煤發電的利用及活用」

▶ 在 COP26 的「脫煤」聲明中署名的國家與地區 圖表 26-3

地區	國、地區名
亞洲	汶萊、印尼、哈薩克、馬爾地夫、尼泊爾、菲律賓、新加坡、韓國、斯里蘭卡、越南
北美	加拿大
中南美	智利、厄瓜多
歐洲	EU、阿爾巴尼亞、亞塞拜然共和國、比利時、克羅埃西亞、賽普勒斯、丹麥、芬蘭、法國、德國、匈牙利、愛爾蘭、以色列、義大利、列支敦斯登、荷蘭、北馬其頓、波蘭、葡萄牙、斯洛伐克、西班牙、英國、威爾斯
非洲	波札那、科特迪瓦、埃及、毛里塔尼亞、模里西斯、摩洛哥、塞內加爾、索馬利亞、尚比亞
大洋洲	紐西蘭

日本、中國、美國、印度等並未署名

※COP26（第 26 屆聯合國氣候變遷大會）是討論《巴黎協定》等氣候變遷相關國際規約的會議（第 26 屆）

資料來源：COP26「GLOBAL COAL TO CLEAN POWER TRANSITION STATEMENT」（2021 年 11 月 4 日）

火力發電脫碳對策

除了廢除的選項之外，還有其他方法可以實現火力發電脫碳。其中有 3 個趨勢值得我們注意（圖表 26-4）。

第一項是氫氣和氨氣的混燒與專燒發電。氫氣和氨氣是相當好的脫碳燃料（請見 Chapter 5）。雖然一開始是將氫氣、氨氣加入化石燃料裡混合燃燒用於發電，但在未來，專燒發電有望實現並且普及。日本最大的火力發電業者 JERA，規畫在 2030 年之前加入氨氣混燒，並在 2030 年代正式運用氫氣混燒發電。

第二項是生物質能轉換。進行生質能發電的德拉克斯電力公司（英國）以及易雷克斯公司（日本）等，正努力將燃煤發電廠轉變成幾乎不排放二氧化碳的生質能發電廠。

第三項是隨附 CCS 技術火力發電。藉由 CCS 技術，捕捉火力發電廠產生的二氧化碳並將其封存於地下，防止其排放到大氣中。CCS 在 Chapter 7 會有進一步的說明。

▶ 火力發電的脫碳方法 圖表 26-4

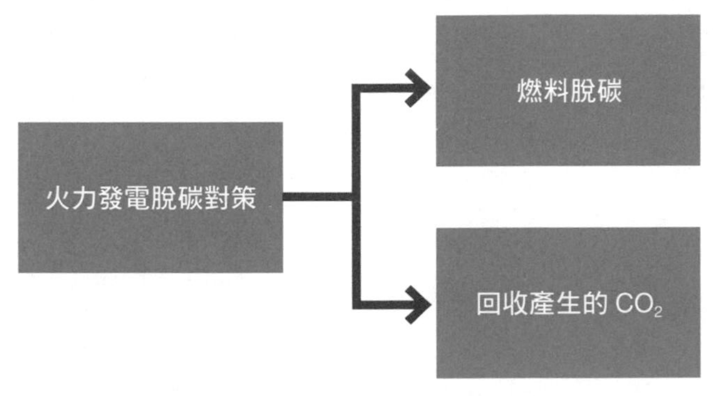

重點　對化石燃料價格上漲的擔憂

隨著脫碳的進展，願意投資開發新的化石燃料的企業數量將會減少。留下來的企業只會是來自於採礦成本低的國家，這麼一來可能導致賣方寡占問題更加嚴重。此外，我們也要擔心身為買方的日本企業，因為購買量太少、購買力降低，而造成議價能力下降的問題。2021 年，中國的液化天然氣進口量超越日本，國與國之間的購買競爭越來越激烈。像這樣買、賣方之間的角力關係變化，也會讓化石燃料的採購價格存在著隨時上漲的風險。且液化天然氣不適合大量囤貨，供應較難靈活有彈性，因此燃料短缺時價格也就容易上漲。要知道即使到了 2050 年，我們也不可能完全不使用化石燃料，更別說要在短、中期間做到不依賴它。高能源價格對於家庭預算與商業活動都會造成很大的負擔，密切關注價格變動非常重要。

Lesson 〔核能發電的概況〕

27 難以預測核能發電的未來

本課要點

本 Lesson 要來了解核能發電的特色。光靠再生能源是很難實現脫碳的，因此不少人支持核能發電。但這是一個大挑戰，而且很難預測其未來。

核能發電的結構

核能發電是使用鈾等放射性物質進行核分裂並釋放出熱能，再利用此熱能將水加熱成高溫、高壓的水蒸氣推動汽輪機來發電（圖表 27-1）。

核子反應爐有好幾個類型，「輕水反應爐」是現在最主要的反應爐形式。輕水指的就是一般的水，它可以做為讓高速噴出的中子減速的材料，也能做為冷卻劑，吸收儲存核分裂所產生的大量熱能，並在被加熱轉化為蒸氣後驅動汽輪機。

總體來說，核能發電能穩定提供足夠的電力，以滿足基本負載的需求。

▶ 核能發電的結構 圖表 27-1

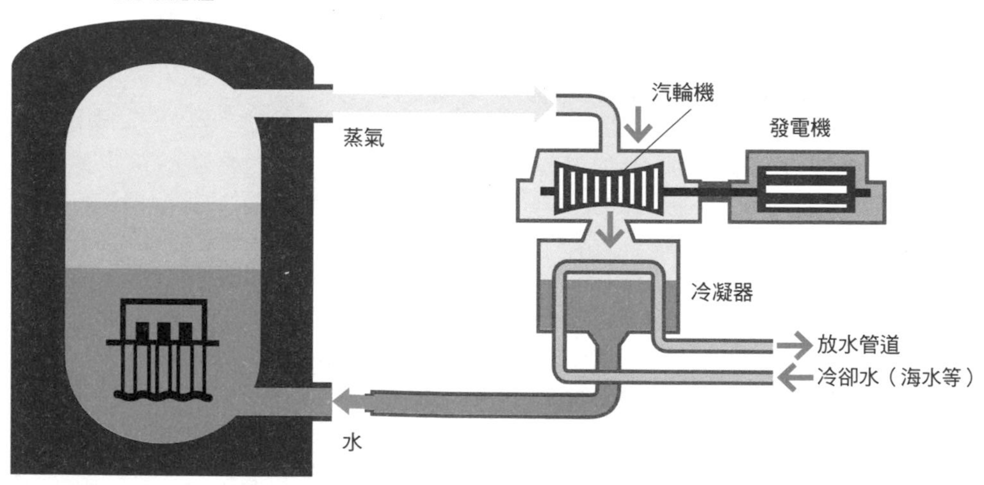

難以預測核能發電的未來

核能是一種不會排放溫室氣體的脫碳供電方法，而且具有 24 小時穩定供電、燃料成本較低等優點。但也不是沒有缺點，例如建設及停機退役成本相當高、必須有周密先進的安全措施、一旦發生重大事故，可能會對周遭環境造成相當大的損害。2011 年，在日本福島第一核電廠事故後，民眾對核能安全性的疑慮加劇，因此所有核電廠都暫時停止運轉。之後在 2021 年 9 月重啟了 10 個反應爐，但核能發電比例始終維持在 3.9%（2020 年）。事實上核災發生之前的 2010 年，核電比例可是高達 25%！基於上述原因，結構簡單、建造及運轉成本低、發生事故時風險較小的小型模組化反應爐（Small Modular Reactor）近期受到注目。而快中子增值反應爐、高溫反應爐等新設計，預計也將成為新一代輕水爐。然而，由於對過去核能政策和營運的不信任，日本國內對核電的反對聲浪始終不斷，導致其未來發展狀況難以預測。

放射性廢棄物的最終處置問題

核能存在著處理「核廢料」的問題。使用完的核燃料具高危險性，必須安全處置。除非廢料最終處置問題獲得解決，否則是否該使用核電的疑慮將持續下去。關於這一點，日本國內尚未確定廢棄地點，現在才準備開始在北海道的兩個町村進行文獻調查（圖表 27-2）。

▶ 各國放射性廢棄物處置工程進度 圖表 27-2

階段	國家
檢討方針階段	韓國、西班牙、比利時
網路公開招募、文獻調查	日本、德國、英國
概要調查	中國、俄羅斯、加拿大、瑞士
精密調查、選定建造地	法國
安全審查	美國、瑞典
建造	建造芬蘭

料來源：資源能源廳「關於各國高放射性廢棄物之處置（2021 年版）」，Technova 製作

Lesson 28

〔再生能源發電的概況①〕

以再生能源為主要動力發電

本課要點

為了實現電力脫碳，我們必須考慮再生能源發電的使用。現在就來了解一下再生能源發電的主要類型及特點吧！

水力發電

水力發電是再生能源發電方法當中最為傳統的一種。透過水位高低落差的衝擊力，帶動水輪機旋轉產生機械能，進而推動發電機產生電力（圖表 28-1）。

水力發電是挪威、瑞士、澳洲、加拿大、巴西紐西蘭等國家的主要電力來源。

日本則因為具有水力發電條件的開發案減少，因此大型的水力發電發展速度放緩。但另一方面，中小型水力發電的開發案倒是增加了，並有望未來會進一步擴大。中小型水力發電是利用中小規模的河川、農業用水、工廠及污水處理設施的水來進行發電。

▶ 水力發電的結構 圖表 28-1

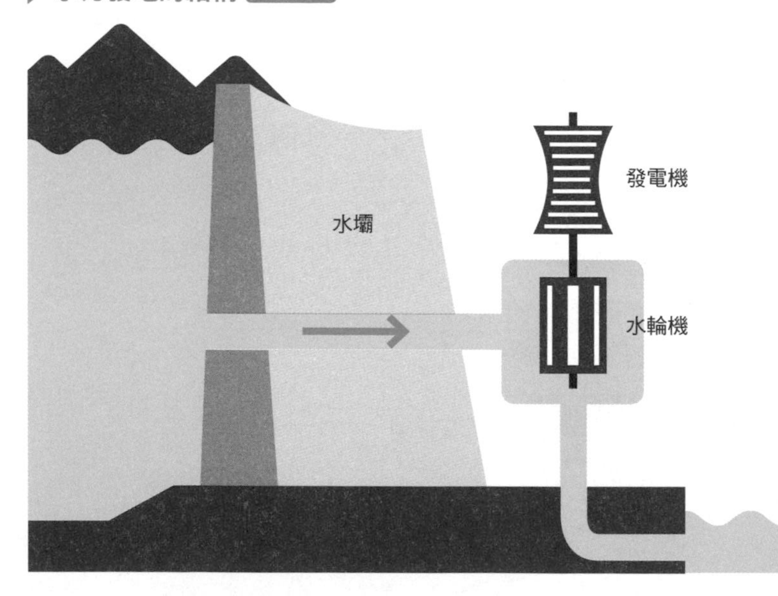

該圖顯示了在上游建造水庫當做「蓄水池」的狀況。還有直接利用河川流量發電的「川流式」以及建立調整池的「調整池式」和「抽水式」

太陽能發電

當陽光照射到太陽能板內部的半導體元件時，裡面的正、負電荷會分別往正極、負極方向移動，進而產生電流，這就是太陽能發電的原理（圖表 28-2）。半導體原料的類型有許多，最常被使用的是矽基異質接面太陽電池（超過 95%）。

太陽能做為能源，優勢是取之不盡、用之不竭。缺點則是在白天以外的時間、雨天、陰天時，產生的電力會大幅下降。

由於設置成本相對低、能小規模且快速安裝、從設置到開始啟用不需花太多時間，因此太陽能發電在日本的普及率直線上升。展望 2030 年，相信日本主要還是會以太陽能發電來擴展國內再生能源的使用。另外值得一提的是，在國外，德國、義大利等國家很早就引進太陽能發電，不過目前中國的累積引進量和年引進量卻是壓倒性的高。

▶ 太陽能發電的結構 圖表 28-2

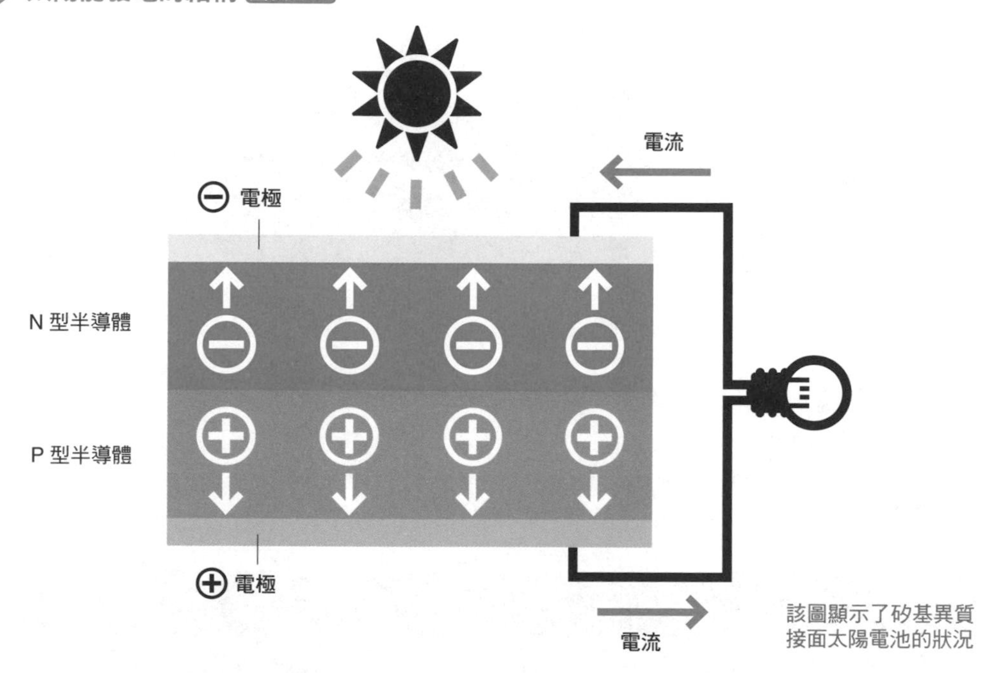

該圖顯示了矽基異質接面太陽電池的狀況

重點 次世代太陽能電池的開發

除了矽基異質接面太陽電池外，其他的太陽能電池也正積極開發中。目前最受關注的是鈣鈦礦太陽能電池，它可以像油漆一樣透過塗抹來製造，是一種柔軟而輕的太陽能電池，在不易安裝矽基異質接面太陽電池的地方也能設置。雖然它的能源轉換率沒有矽基異質接面太陽電池高，在運用上或許會受到限制，但根據近年來的研究與開發，這問題已逐漸獲得改善，今後的普及值得期待。

風力發電

風力發電是利用空氣流動讓風車（風力渦輪機）轉動發電（圖表 28-3）。有些小到可以安裝在建築物的屋頂上，但是尺寸越大發電效率就越高，所以全球都傾向於使用大型風力發電機。

如同太陽能發電，風力發電也是目前全球極力推動、迅速擴展的再生能源。不過缺點是發電依賴風力，因此沒有風的時候發電量就會減少。

除了設置於陸地上的陸地風力發電，也有安裝於海上的離岸風力發電，而且發電潛力很大。現在的日本，無論公或私部門都高度支持離岸風力發電，預計在 2030 年開始會大規模引進。而在國外，以中國的引進量最多，不過美國、德國、印度等國家的安裝量也逐漸增加。

▶ 風力發電的結構 圖表 28-3

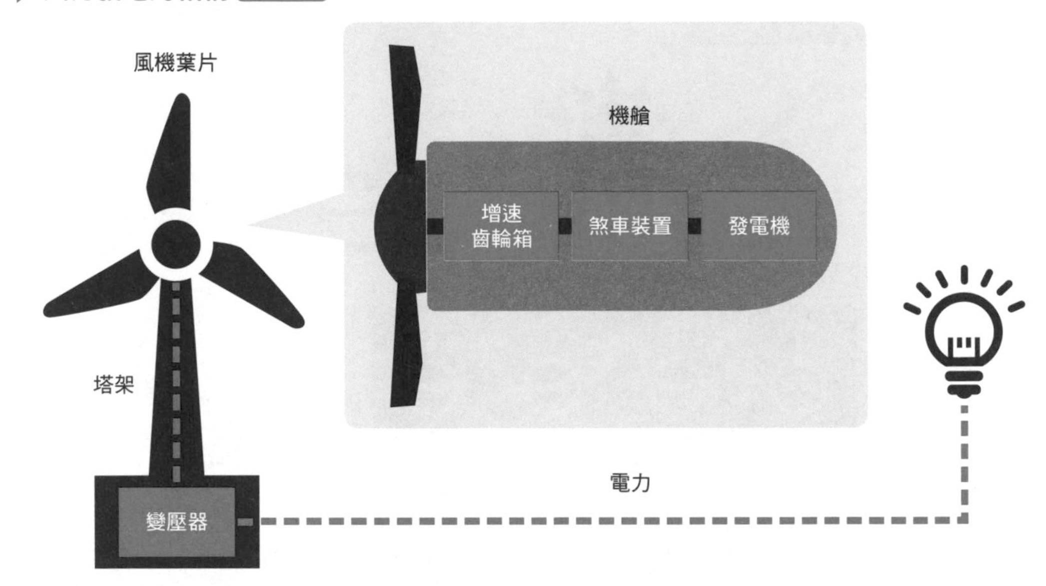

重點　日本離岸風力發電計畫

日本國內根據《再生能源海域利用法》進行招標，允許部分特定企業在規定的海域發展長達 30 年的離岸風力發電事業。在 2021 年 12 月公布的第一輪結果中，由三菱株式會社和中部電力相關公司組成的財團贏得了全部三件標案。由於投標的價格數字明顯低於之前的預測，因此受到很多的關注。

○ 地熱發電

所謂地熱發電，就是利用地底深處的熱量加熱地下水，使其轉變為蒸氣和熱水，再推動渦輪機旋轉發電（圖表 28-4）。

一旦完成地熱發電的建設，就能以較低成本提供穩定的電力。日本的地熱發電量潛力很大，位居全球第三，僅次於美國和印尼，但開發的腳步卻很緩慢，一直沒有太大進展。目前發展較成功的國家，依序是美國、印尼、菲律賓，日本則排名第十。

適合地熱發電的地點通常位於火山周圍，所以有不少的地熱發電安裝在國家公園內，或是附近有溫泉泉源的地區。也因為如此，要取得開發許可需要花費較多時間及心力，尤其過程中還可能面臨當地觀光旅遊業者的反對。

儘管如此，地熱發電就是一種能穩定供應且發電量潛力很高的電源，所以其用途仍有望擴大。

▶ **地熱發電的結構** 圖表 28-4

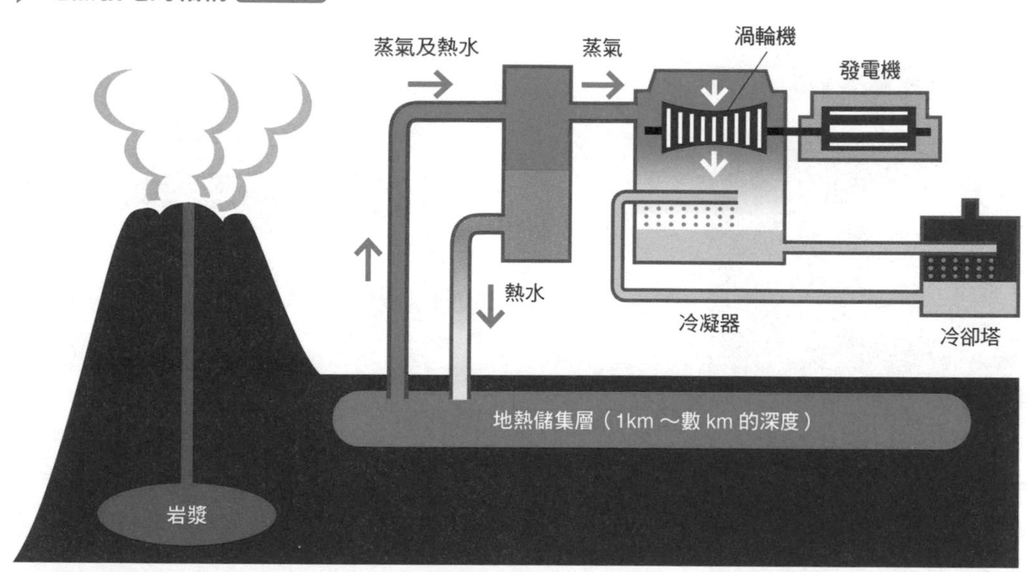

重點　「再生能源」的定義

在《能源供應構造高度化法》中，將「可再生能源」定義為「太陽能、風力，和其他被認定可永久做為能源的非石化能源」。此外，在法令中也明訂了包括陽光、風力、水力、地熱、生物質能、太陽能以及大氣熱能和其他存在於自然界的各類型熱能，為再生能源的來源。

生質能發電

生質能發電是指燃燒以木屑等製成的木質顆粒、廚餘、動物排泄物等，利用其所產生的蒸氣驅動渦輪機發電（圖表 28-5、圖表 28-6）。

雖然燃燒生物質能時會排放二氧化碳，但植物在成長過程中也會透過光合作用吸收空氣中的二氧化碳。也就是說，生物質能在成長與燃燒時的二氧化碳排放量會相互抵銷，加加減減後最終的數字會是零。而這意味著它可當做是碳中和的燃料。生質能發電較常見於歐洲，但亞洲及南美的使用也逐漸增加。

目前，生質能發電面對的挑戰是：如何穩定提供且更有效率地收集、搬運原料。此外，我們不應為了收集生質能發電燃料而破壞森林，因此確保燃料採購得以持續也是很重要的。

生質能發電的結構 圖表 28-5

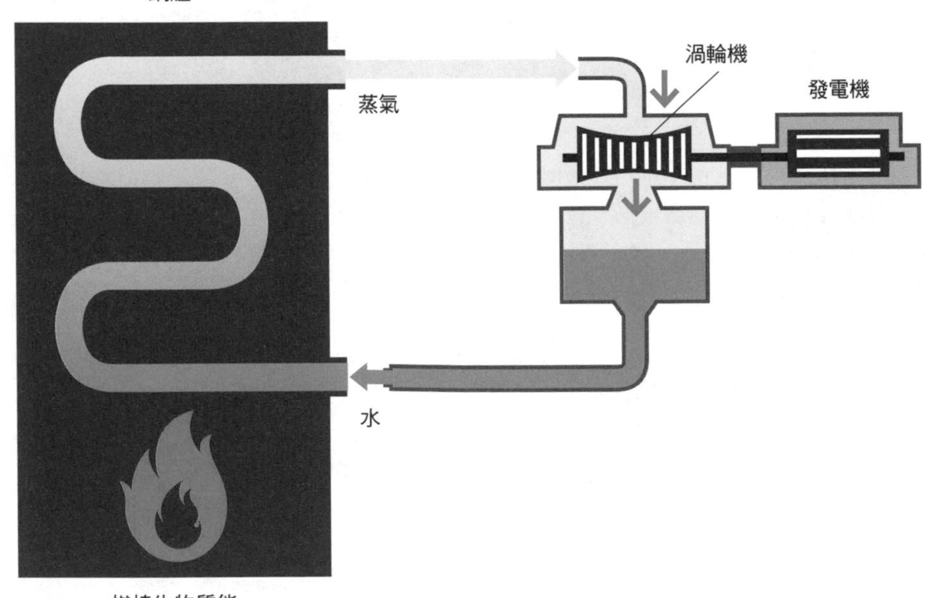

生質能發電燃料範例 圖表 28-6

木片及稀疏木材

廚餘

動物排泄物

可做為生質能發電燃料

Lesson 29 〔再生能源的概況②〕

再生能源的普及

本課要點

讓我們來看看日本再生能源的普及狀況。從歷史看來，水力發電是最先普及的，近年來，太陽能發電則已成主流。儘管未來存在一些挑戰，還有問題尚待解決，但可預期再生能源將更加普及。

至今為止日本的再生能源之路

日本至少遇到了4次再生能源普及的契機。最早的契機是在20世紀初期，那時電力的使用開始擴大。在「追求大量且價格低廉的電力」這個前提下，水力發電逐步發展了起來。第二個契機就是1970年代的石油危機。當時主要的電力來源是石油火力發電，它取代了發展進入停滯期的水力發電。不過隨著石油價格上漲，大家又轉而追求更多樣化的電力來源。在這樣的背景下，再生能源受到關注，人們開始致力於各種相關的研究開發。第三次的機會始於2012年再生能源的固定價格收購制度（FIT）。其成立的背景是2011年東日本大地震導致核電廠事故，此一事件不僅帶來極大的震撼，也促使再生能源獲得更大的關注。後來在高收購價格的推動下，再生能源大幅擴展。

第四個契機是2010年代再生能源設備價格大幅下降，特別是太陽能發電。這改變使太陽能項目更具經濟可行性，就算沒有政策補助，也能吸引更多投資者和企業的投入與施作，讓再生能源的擴展更進一步（圖表29-1）。

▶ 再生能源發電量趨勢（2010年度～）圖表29-1

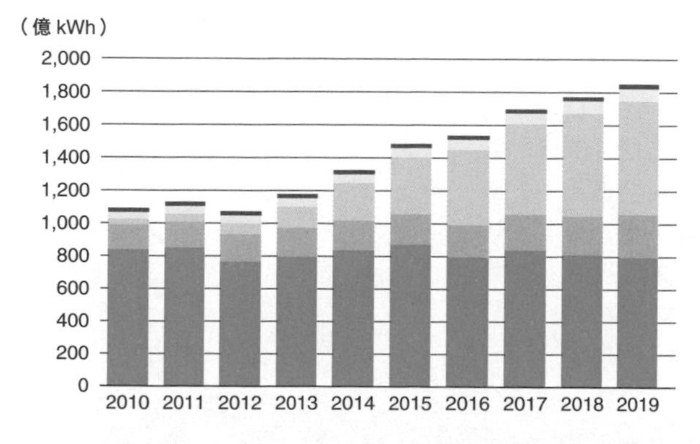

編注：FIT是政府以固定且優於市場的價格向再生能源發電業者購買電力的制度。旨在吸引投資者參與並推動再生能源的發展

資料來源：資源能源廳
「綜合能源統計時系列表」，Technova製作

再生能源普及前景

雖然我們還不知道是否能實現 2030 年再生能源占電力供應 36 ～ 38% 的目標，但可以確定的是，再生能源的應用逐漸擴大。再生能源進一步的普及仍有一些問題尚待解決，其中一項是價格。大量引進再生能源將提高整體發電成本。不過即便如此，再生能源仍被視為脫碳的重要手段。此外，除了進口生物質能等例外狀況，日本國內也生產一部分再生能源，不需依賴進口燃料。儘管國產能源也需要支付相關燃料費用，但這些支出仍然在國內，不會流向其他國家，有助支持國內經濟。同時，使用國產能源還能避免受到能源出口國政治局勢和地緣政治風險的影響，總體來說有很多優點。

等所有問題依序透過政策管理和技術發展逐一解決後，我們就可以期待再生能源更廣泛地應用。

▶ 2020 年各類型電力的發電成本 圖表 29-2

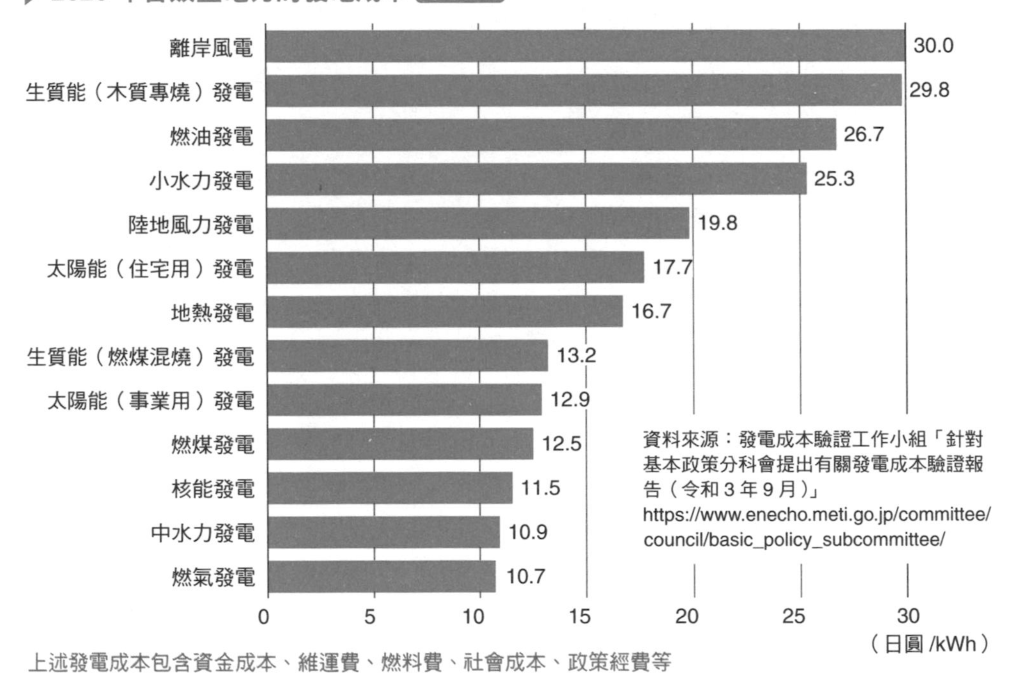

上述發電成本包含資金成本、維運費、燃料費、社會成本、政策經費等

再生能源的價格競爭力不斷提升。然而 圖表 29-2 中所顯示的金額，並未考慮追加電力供應時，整個電力系統可能會產生的成本（綜合成本），這點需要注意一下。如果將綜合成本加上去，太陽能發電及風力發電的成本應該會高出許多。有關綜合成本的介紹請參考 Lesson 45。

〔電力的採購方式〕

Lesson 30 電力採購的基礎知識

本課要點

接下來，一起想想脫碳電力的採購方式。電力採購的選項相當多樣，先了解電力採購的基本知識，以便選擇最符合自己脫碳需求的電力採購法。

電力自由化帶來的改變

自 1990 年代以來持續進行的電力系統改革改變了電力的採購方式。2016 年 4 月，日本電力零售自由化，所有家庭和企業都能自由選擇向哪一家電力公司購買電力。在自由化之前，各地區只能向固定的電力公司購買電力。

截至 2022 年 1 月，從事電力零售業務的公司超過 700 家。各大電力公司的業務範圍也向傳統供電領域之外擴展。每一間公司的電費、服務內容、採購電力類型都不太一樣。也因此，我們現在能從多種不同的選項當中選擇電力。

▶ 新售電量市占率的演進 圖表 30-1

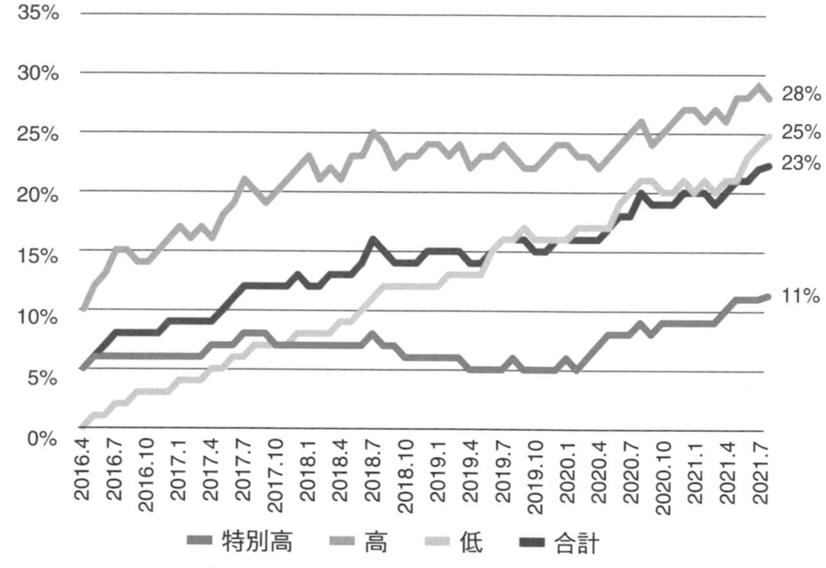

・「新電力」（新加入的小規模電力公司）雖不包含供應區外的大型電力公司（原電力公司），但其子公司卻能歸類於「新電力」
・市占率是根據銷售的電量來計算
・用戶的電力需求及供應電壓大小根據合約分為特高壓、高壓、低壓。特高壓用於大型工廠或大樓，高壓用於中小型工廠及大樓，低壓則用於一般家庭及商店

資料來源：電力、天然氣交易監視等委員會「電力交易報」，Technova 製作

NEXT PAGE 

了解電費趨勢

從 1980 年代後半開始，電費一直呈現下降趨勢。但由於 2000 年代後期燃料價格上漲，再加上 2011 年東日本大地震和核電廠事故發生，電價便又開始呈現上升趨勢。

之後，電價又經歷了大幅上漲再大幅下跌，然後自 2016 年又再次上升的過程（圖表 30-2）。這一切可能與化石燃料價格的波動有關，因為日本在 2011 年後，火力發電的電力供應比大幅提升，電費也因此受到影響。另外，接下來要說明的再生能源附加費（支持再生能源所徵收的額外費用）的增加也會提高電價。依照國際標準，日本企業必須支付的電費是相對偏高的，有些人擔心這會造成企業負擔，削弱企業的實力。另一方面人們也擔心家庭預算面臨壓力。

▶ 電價走勢圖 圖表 30-2

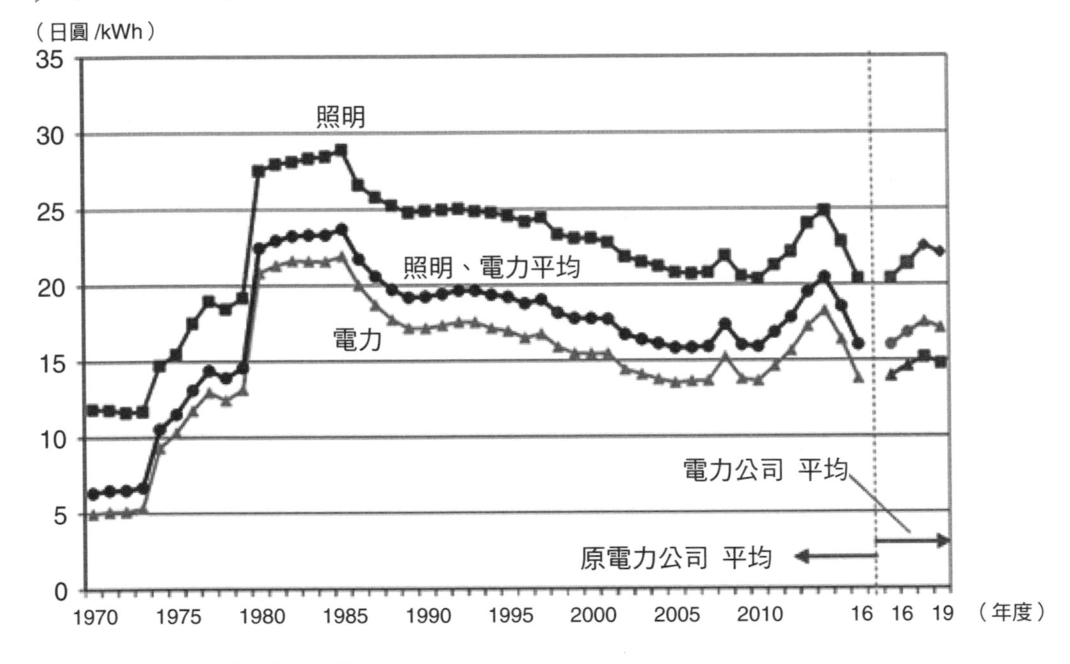

照明費主要是一般家庭用電平均單價
電費主要是工廠、辦公室等用電平均單價
圖中所顯示價格不包含再生能源附加費
資料來源：資源能源廳「能源白皮書 2021」

電費的結構

電費可區分成基本電費、電費、燃料調整費、再生能源附加費（圖表 30-3）。

了解電費的結構有助於找到適合自己公司或家庭的電力來源。相信只要經過適當審查，往後支付的電費應該會比現在更少。

電費細項 圖表 30-3

細項	內容
基本費用	這是無論使用多少電量都需支付的固定費用
電費	金額是由用電量（kWh）與費率（日圓 /kWh）相乘而定。費率會依用電量或用電時間而改變，例如「累進電價」是按用電量分級距計費，用電量越多級距費率越高，也就是説電用得越多，錢也花得越多；「時間電價」則是根據用電時間計價，時段不同費率也不同，集中在半夜離峰時間用電必須支付的電費就比經常在白天尖峰時間用電來得少
燃料調整費	該價格會根據燃料價格的改變而有所不同。價格的變化反應了火力發電燃煤、石油及液化天然氣的價格波動
再生能源附加費	這是一筆為支持和推動再生能源而向人民徵收的額外費用。1kWh 的金額，從制度開始施行的 0.22 日圓（2012 年）上升到 3.36 日圓（2021 年）。預估此一數字之後還會繼續上升
其他（折扣）	許多公司都有促銷或優惠機制。當用戶同時向不同單位如能源公司、電信公司簽署合約時，在費用上就能獲得一些折扣

日本的電費計價有一個設計特別引人注目，就是「三段式收費」。用電較少的人享有較便宜的電價，用電較多的人則需支付較高的電價。這種費率制度的設計源自於考慮到「全國最低工資」，目的是確保每個人都可以使用最低限度的電量，避免基本生活需求變成經濟負擔。據聞這樣的費率制度在國際上相對較為罕見。不過，近年來日本有不少消費者打算將三段式收費換成其他方案。

如何轉換電力公司

現在轉換電力公司的程序非常簡單，且新簽約的電力公司通常會協助客戶向目前的電力公司辦理註銷手續。一些網站也提供了各電力公司方案的詳盡比較資訊，讓消費者能更快速清楚地選擇。至於企業的話，多半會直接請電力公司提供報價，以便能更精確地評估，選擇最適合的方案。

另外，有些住宅地方自治團體會推行共同購買再生能源計畫。在這種情況下，只要完成參加登錄，提供必要資料，系統就能幫忙判斷是否符合轉換資格。

編注：台灣的電費計算方式為「每段消耗電的度數 x 每度電費費率的加總」

Lesson 〔採購再生能源的意義〕

31 採購再生能源的理由

本課要點

採購再生能源是電力脫碳的有效手段。只是，每一個企業的狀況不同，採購再生能源的方法也各不相同。以下讓我們整理企業採購再生能源的原因。

探究參與 RE100 的企業採購再生能源的理由

參與 RE100（請見 Lesson 7）的企業逐漸增加。這些公司採購再生能源的原因是什麼呢？

從公布的調查結果來看，幾乎所有公司都認為「減少溫室氣體排放」、「企業社會責任（CSR）」是非常重要的，而超過九成的企業則認為「客戶期望」很重要。不論答案是哪一個、企業是否參加 RE100，我認為大部分企業都應該在未來加強重視環保、永續等事項。

▶ RE100 參與企業購買再生能源的動機 圖表 31-1

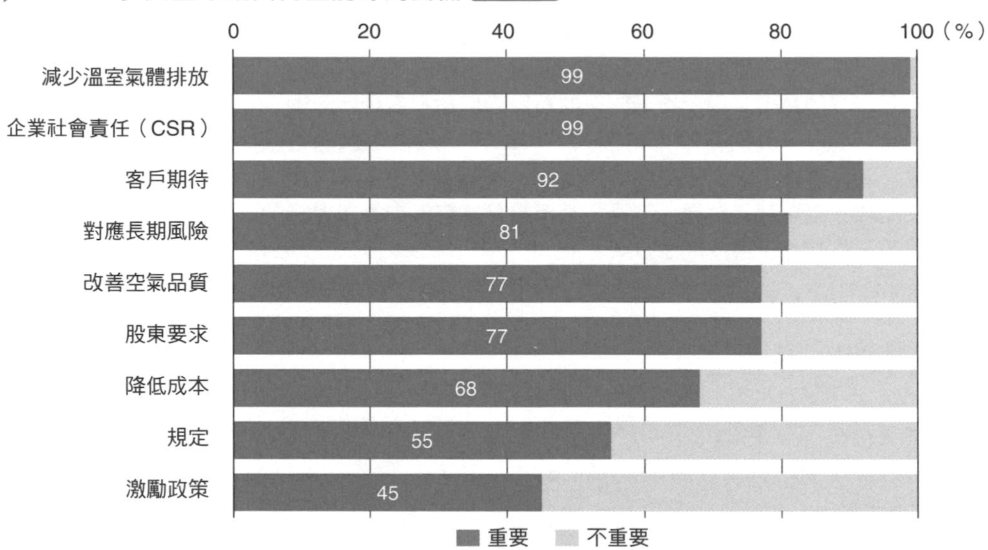

資料來源：RE100「RE100Annual Progress and Insights Report 2020」，Technova 製作

脫碳效果

不可諱言，企業採購再生能源，以行動減少部分溫室氣體的排放，其背後的原因應該多是為了履行企業社會責任（CSR）以及回應客戶期待吧！

對電力需求較高的產業如服務業及零售業而言，在能源使用對環境產生的影響方面，所承受的壓力可能比較多，感受也較深。因此相較於其他產業，他們更願意在任何環節使用 100% 的再生能源，並在企業活動中向客戶強調這一點，以滿足客戶的期待，藉此提升企業形象。

▶ 再生能源標章 圖表 31-2

〇〇再生能源

使用口口的水力及風力發電

推動再生能源新交易

有些企業會希望和要求供應商採購再生能源的企業（如美國的大型 IT 企業等）建立業務關係，也會根據客戶的要求採購再生能源，回應客戶期待，以展示企業對永續議題的支持與承諾。

重點 有關核能發電

如同 Lesson 24 我們所討論的，到 2030 年，再生能源和核能將成為脫碳能源的主要來源。企業在決定自己的立場，思考是否該將核能納入購電選項時，就需要權衡核能發電的優缺點（請見 Lesson 27），同時考慮當前的能源情況。

另外，我們必須知道各個國家對核電的態度不同，而政治因素可能會對決策產生影響。

再生能源的採購、自家發電

本課要點

電力的採購方法有很多選項，如果要比較各家電力公司的優劣和方案，可能會讓人感到困惑、難以決定。因此，先決定採購的基本方針很重要。確定基本方針，再來考慮具體的採購方法。

決定電力採購方針

在採購電力前，企業要先設定脫碳進行方針，然後根據方針內容來思考、確認應採取的電力採購策略。

在選擇供應商時，最好先確定評價標準。這些標準不光只有價格、再生能源比例，也可以包括地區電力公司或當地再生能源等。

此外，採購還需要配合相關法規。必須留意一個狀況，有時候符合國內法規例如《節約能源法》(與能源使用合理化有關的法律)、《全球暖化對策推動法》等的再生能源，也可能不完全滿足 RE100 (請見 Lesson 7) 的要求。當然，按照客戶要求採購再生能源時也可能碰到上述狀況。因此確保採購的電力符合要求至關重要。

▶ 制定電力採購策略 圖表 32-1

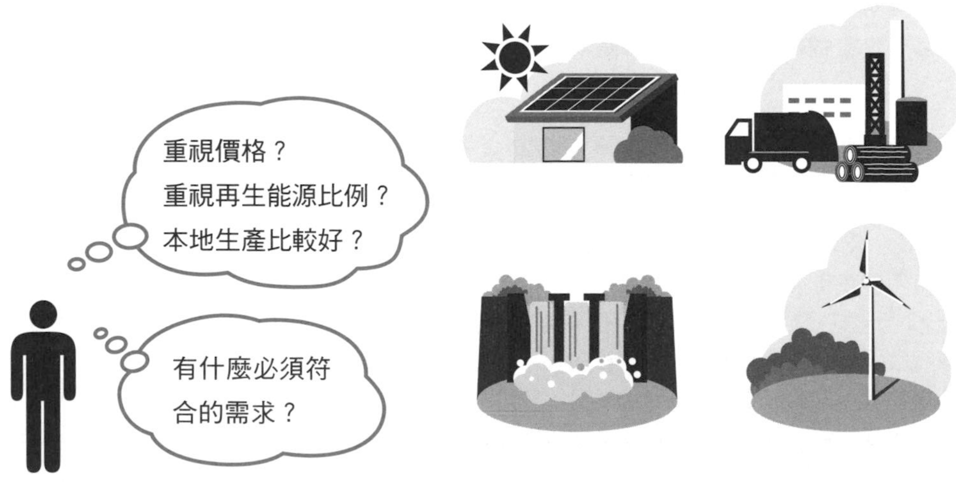

電力供應方式多樣，且電力公司提供了各種不同的方案組合

選擇購買的電力

在多數的情況下，我們都是向電力零售商購買電力。這些公司會提供各種電力方案，包含不同種類和比例的再生能源。根據購買的電力不同，二氧化碳排放係數也會有所不同。由於這直接影響企業二氧化碳排放量，所以在購買前需要仔細確認。

近年來，越來越多的企業關注再生能源購電協議（Power Purchase Agreement）。即企業直接向發電公司購買電力，而不是依賴電力零售商提供的方案。這種模式對那些真正想要購買再生能源的企業極具吸引力。在日本，除了於自家公司土地設置發電設備（直供）之外，其餘情況通常仍需透過電力零售商。不過目前正在討論，將這制度修改成能更直接與發電公司進行交易。

再生能源自家發電

公司也可以考慮自行發電！哪一種再生能源設備適合引進到自己的公司呢？對許多企業來說，太陽能發電可能是比較實際的選擇。不過也有一些公司引進風力發電及生質能發電。只要能充分利用當地條件的再生能源，像是風力狀況或是可利用的生物質能等，就都值得考慮。

▶ 再生能源的採購方法 圖表 32-2

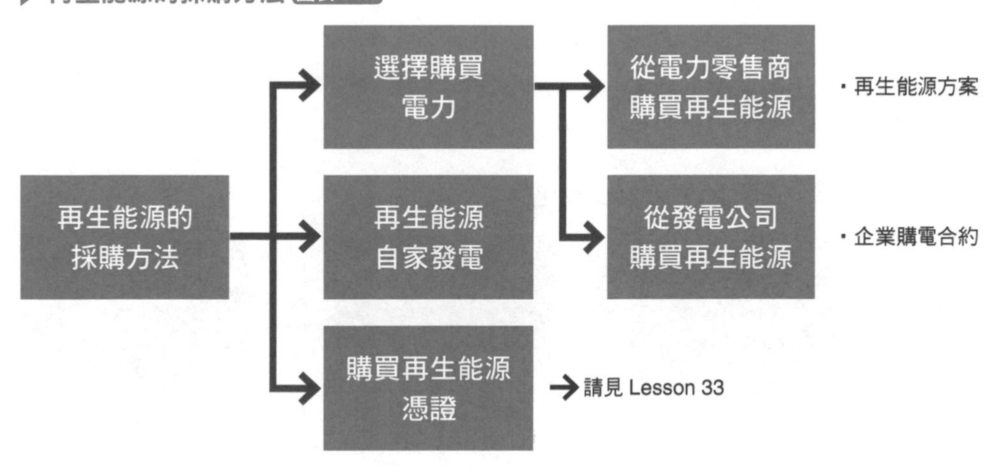

Lesson 33 〔再生能源的採購方法②〕

購買再生能源憑證

本課要點

有一種交易方法，是將電力價值與環境價值分開考慮。對於想要提高再生能源比例的企業來說，再生能源憑證是很不錯的購買方式。在日本則很推薦善加利用非化石證書及綠電憑證。

什麼是再生能源憑證？

再生能源發電的電力具有兩種價值，一是供應電力的實際電力價值，一是減少溫室氣體帶來的環境價值。再生能源憑證的存在，允許這兩項價值被分開交易。

再生能源憑證是一種可證明電力來源為再生能源的證書，它是一項商品，可以購買和出售。當企業購買再生能源憑證時，事實上是在購買與使用再生能源相同的環境價值（圖表 33-1）。這麼一來企業可以更靈活地處理對環境保護的承諾。

對於賣方（再生能源發電公司）來說，這種設計的優點在於能夠分別販售電力及環境價值。然而，需要注意的是，當再生能源憑證售出後，剩餘的價值僅剩電力的實際價值。因此再生能源發電公司不能再聲稱其電力帶有再生能源的環境價值，也不能將其納入減少溫室氣體排放的減排效果。

▶ 再生能源憑證交易中的環境價值移轉說明 圖表 33-1

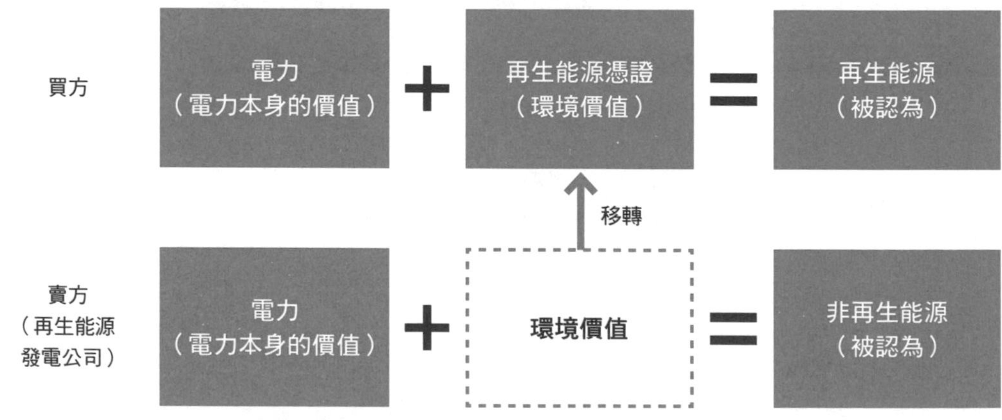

精確地說，憑證的電量X全國電力的平均二氧化碳排放係數所計算得到的二氧化碳量會從「買方」的電力二氧化碳排放量中扣除

政府設計的非化石證書交易制度

在日本國內，再生能源憑證的主要交易制度是以政府設計的非化石證書為核心。這一制度包含兩種類別，即「FIT 非化石證書」及「非 FIT 非化石證書」。（FIT，請見 P101）

從 2021 年 11 月起，不僅電力公司，一般公司和個人也可以購買「FIT 非化石證書」。此外，國家將最低交易價格從 1.3 日圓 /kWh 調降至 0.3 日圓 /kWh。這使得過去 1.3 日圓 /kWh 的平均交易價格降至 0.33 日圓 /kWh。雖然無法預測未來價格的變化，但可以確定的是，這將對其他再生能源憑證以及不同的再生能源採購方法的價格產生影響。

FIT 非化石憑證的價格是根據 FIT 所收集到的再生能源價值而定。隨著出售更多且價格更高的 FIT 非化石憑證，再生能源附加費（請見 Lesson 30）的負擔將減輕，亦即用戶需支付的費用會減少，因此人們期待著交易金額能提高。

民間機構核發的綠電憑證

除了政府制度下的非化石證書，也有民間機構所發行的綠電憑證，這個制度始於 2001 年。再生能源發電的業者，在獲得日本品質保證機構的認證後，可以開始販售能代表其環境價值的綠電憑證。簡單來說，這是由業者自行取得認證，再透過憑證方式將其再生能源的環境價值進行市場買賣交易。

不同的國家和地區可能會使用不同的再生能源憑證，例如歐洲的 GO、北美的 REC、中國的 GEC 以及廣泛流通於國際之間的 I-REC、TIGR 等。如果企業想要在海外購買這些憑證，首先需要確認在當地是否能取得和使用相應的憑證。

重點　再生能源採購成本

除非在自己的腹地發電，否則企業採購再生能源時通常會伴隨額外的成本。與僅僅使用現有的電力相比，購買再生能源憑證的費用是非常明確的，因此可視為確定的額外支出。這樣明確的成本可以更容易納入企業的預算規畫中。

除了這種直接的購買成本之外，企業也應該考慮到採購再生能源可能產生的其他外部成本。有些企業會設法讓這些本來會外流的成本回流（請見 Lesson 17）。例如把發電業務納入自家公司，做法包括引進發電設備、推出發電事業以及收購電力公司等。這麼做有助於企業更全面地管理再生能源採購過程中的成本和效益。在石油公司、天然氣公司或是非能源業務中，我們都可以看到擴展再生能源發電事業的例子。

Lesson 〔電氣化的進展〕

34 使用方的電氣化進展

本課要點

截至目前為止，我們已經討論了購買脫碳電力的策略。在能源使用情境中，我們可能會面臨「使用電力」以及「不使用電力」兩種情形。接著，我們將進一步討論，應該如何同時思考電力脫碳化和能源使用方的電氣化問題。

○ 全球電氣化進程不斷推進

全球電氣化率（電力消耗占能源消耗總量的比例）逐漸上升（圖表 34-1）。從圖表可以看出，能源使用裝置正從煤炭設備、石油設備及天然氣設備轉變為電力設備。

在日本政府的「2050 年實現淨零排放綠色成長戰略」（2020 年發表，2021 年修改）中，也是假定未來日本的電氣化會快速發展，電力需求將會增加。

▶ 全球各地區電氣化率（分地區）圖表 34-1

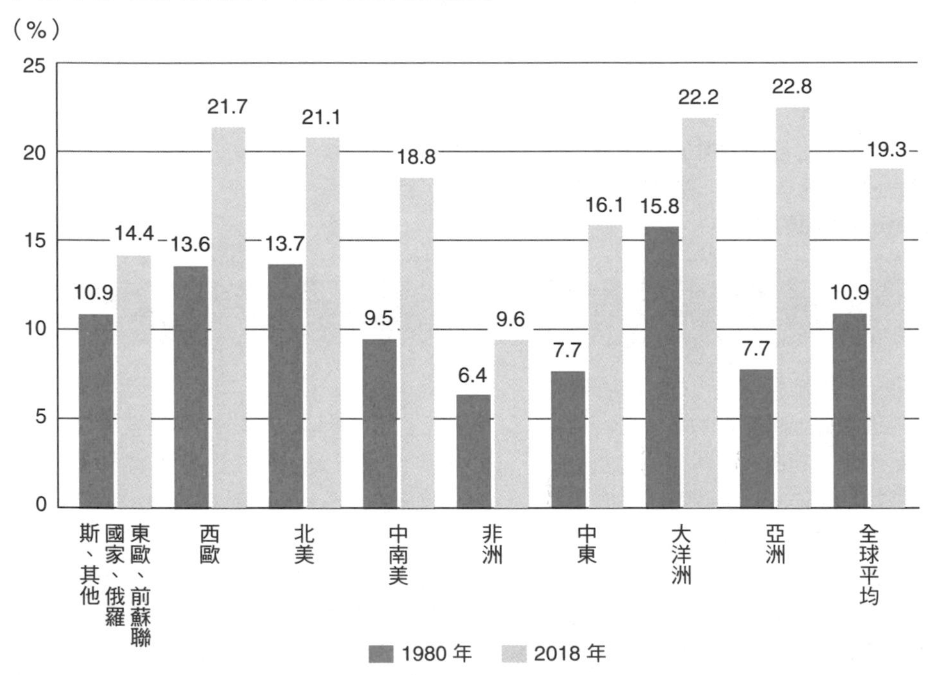

資料來源：資源能源廳「能源白皮書 2021」，Technova 製作

電氣化狀況因領域各異

電氣化的發展並非全面普及，某些領域是難以實現電氣化的。特別是需要數百℃～千℃以上極高溫度的產業（例如鋼鐵業）和長距離貨物運輸等。

已實現電氣化的領域和未電氣化的領域在脫碳方面有不同的做法。對於完全電氣化的領域，只需要將電力供應換成再生能源等脫碳電源即可。

那麼未電氣化的領域又該怎麼做呢？首先，是將可以電氣化的部分改為電氣化，因為電氣化應該將會是未來的趨勢。而難以實現電氣化的領域，可以考慮將化石燃料轉換成生物質能、氫氣及氮氣等脫碳燃料（請見 Lesson 5），同時使用不會將產生的二氧化碳釋放到大氣的做法。

▶ 日本按部門、產業別劃分的國內電氣化率（2019 年度）圖表 34-2

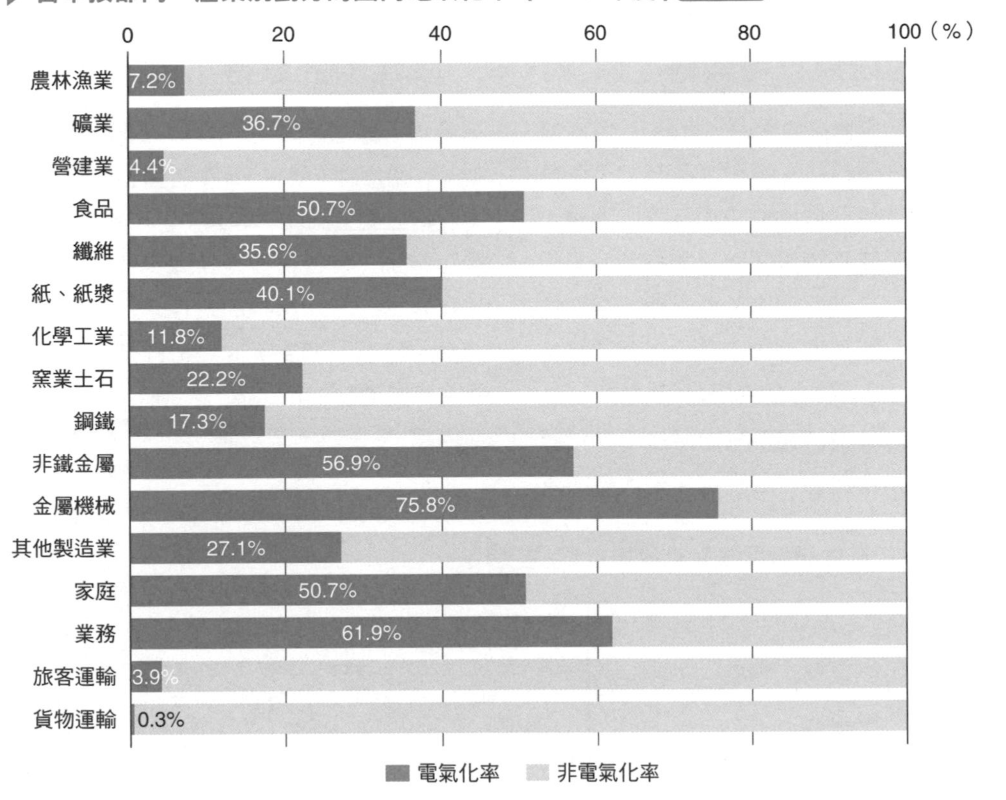

資料來源：日本能源經濟研究所「能源・經濟統計一覽 2021」，Technova 製作

Lesson 〔汽車電氣化〕

35 從燃油車到電動車

本課要點

在全球二氧化碳總排放量中，汽車的貢獻相當大。因此環境法規對運輸過程的廢氣排放量制定了越來越嚴格的標準。目前在日本很受歡迎的混合動力車（HV）可能在2025年之後就無法達到這些新的標準，這使得純電動車（EV）等電動車開始受到注目。

○ 環境法規日趨嚴格，減少汽車二氧化碳排放勢在必行！

全球二氧化碳總排放量中，大約有15%來自於汽車。全球各主要國家都制定了汽車燃料費、二氧化碳排放目標及相應法規。由於預計未來環境法規將更加嚴苛，因此各國計畫將二氧化碳排放量逐漸下降到特定水平。歐洲聯盟（EU）設定了全球最為嚴格的目標，例如對於在歐洲銷售新車的汽車公司強烈要求其新車的平均二氧化碳排放量必須低於特定目標值。未達標的汽車公司必須繳納罰金，金額是「超過排放量（g/km）×€95×新車銷售台數」，這對汽車公司盈利產生重大影響。

除了歐洲，其他主要國家如美國、中國及日本也都設定了嚴格的汽車二氧化碳排放標準。如 圖表35-1 所示，2021年歐洲的標準是95g-CO_2/km，可以確定將來的規定將更嚴格。

▶ 各國 CO_2 排放紀錄與未來排放規定 圖表35-1

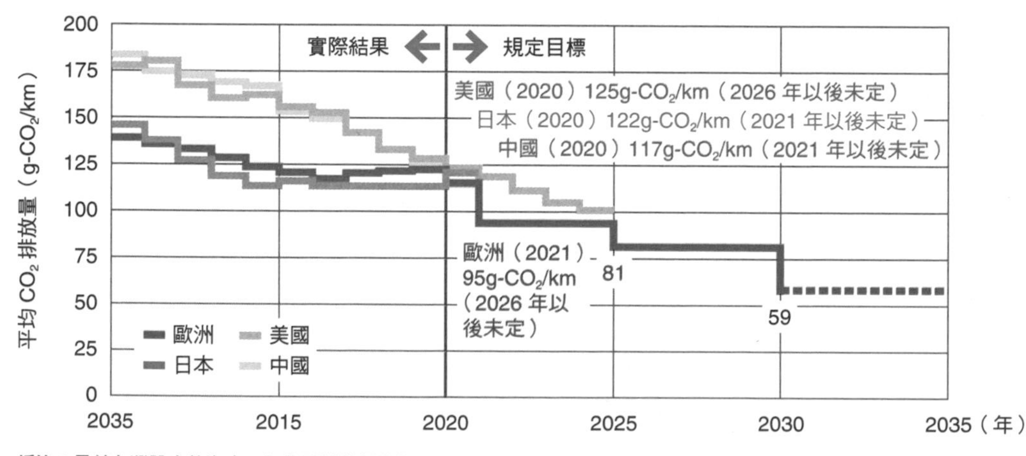

編注：目前台灣設定的汽車二氧化碳排放標準為163g-CO_2/km

汽車的主要動力來源將從汽油轉向電池

為了減少汽車行駛過程中的二氧化碳排放量，我們必須將使用汽油引擎的車輛轉換為電動車。現今市面上有許多不同類型的電動車，其中，油電混合車是汽油引擎和電池／馬達的組合，兩者間協同作用，透過電池驅動以減少行駛時的二氧化碳排放量；純電動車（Electric Vehicle，以下簡稱 EV）沒有引擎，是以電池和馬達做為動力源，因此車輛在行駛時不會排放二氧化碳，被歸類為環保汽車；燃料電池車（Fuel Cell Vehicle，以下簡稱 FCV）則是使用燃料電池讓氫氣與氧產生反應並發電，之後再以發電所產生的電力驅動電池與馬達運作。總的來說，由於汽油引擎和電池比例的不同，電動車可分為多種類型，消費者在挑選時擁有蠻多元的選項。

電動車的種類 圖表 35-2

名稱	說明
EV	純電動車（Electric Vehicle），是一種以馬達及電池做為動力源的車子。它使用外部電源來充電電池，而不使用傳統的汽油引擎來驅動車輛
HV	混合動力車（Hybrid Electric Vehicle），是一種同時使用兩種以上動力系統例如汽油引擎和電池的車子。根據行駛狀況，這兩種動力系統可以同時或個別使用，實現更高效能的動能驅動
12V Mild HV	是導入 12 伏特（V）電力系統的一種輕度混合動力車。它裝有汽油引擎輔助系統，包含啟動裝置（啟動馬達）及發電機（generator），同時也搭載簡單而便宜的怠速熄火系統。這些裝置有助於節省燃油，減少二氧化碳排放
48V Mild HV	是導入 48 伏特（V）電力系統的一種輕度混合動力車。比起 12V Mild HV，它搭載了更強大的電動輔助馬達，可提供額外的動力支援更多，也因此減少燃油消耗的效果更好。然而，這個電力系統仍無法單獨驅動車輛，依舊是輔助的角色，而非主要的動力架構
PHV	插電式動力混合車（Plug-in Hybrid Electric Vehicles）是混合動力車的一種，它擁有相對較大的電池容量，並且可以透過外部插頭進行充電，減少車子對汽油引擎的依賴
FCV	燃料電池車（Fuel Cell Vehicle）與純電動車類似，都是以馬達及電池做為動力系統的電動車。不同之處在於，FCV 是利用氫和氧的化學反應產生電力驅動馬達運轉，且因會不斷充電，所需電池容量可以更小

為符合環境法規，今後電動車應該會更加普及。

編注：一開始只有純電動車才用 EV 表示，但後來 EV 變成電動車的總稱，只要配備電動馬達系統的汽車都可以稱為 EV

只有 EV 和 PHV 兩款電動車的碳排低於法規標準

在 圖表 35-3 中，我們將各種電動車的平均二氧化碳排放量與歐洲環境法規值進行了比較。我們知道，若將原本完全依賴汽油引擎的動力系統轉而部分使用電池，那麼車輛在行駛中就能減少二氧化碳排放量。儘管目前市場上有很多種類的電動車，但只有插電式動力混合車（Plug-in Hybrid Electric Vehicles，以下簡稱 PHV）和 EV 能夠達到低於 2030 年歐洲法規規定的二氧化碳排放標準。因此，當前汽車公司無不全心投入 EV 與 PHV 的開發，以增加其銷售量。在中國及歐洲，更透過提供優惠方案刺激買氣。截至 2020 年，全球推出 53 款 EV 和 24 款 PHV，實際銷量分別是 204 萬台和 275 萬台。在環保意識高漲的歐洲，2020 年新車銷售中，EV 與 PHV 的占比達到10.5%，且呈現繼續增長的趨勢。歐盟在 2021 年 7 月提出了氣候變遷的總體對策，明確指出在 2035 年，包含混合動力車（Hybrid Electric Vehicle，以下簡稱 HV）在內，將禁止販售使用汽油引擎的新車。由此可知，EV 與 PHV 的普及勢在必行。

▶ 依動力系統區分，各電動車的平均二氧化碳排放量及歐洲二氧化碳法定排放標準 圖表 35-3

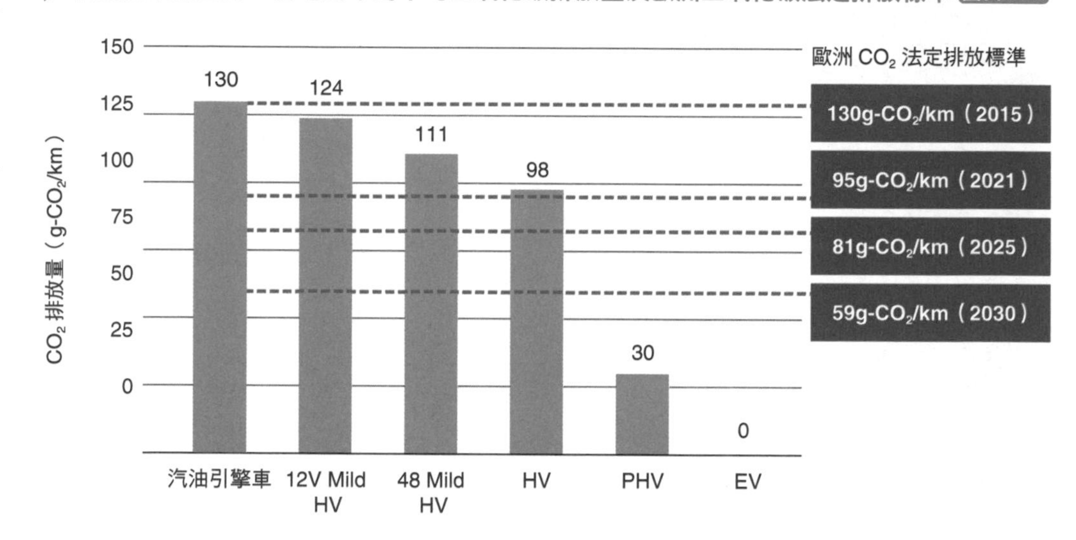

資料來源：國土交通省、各公司資訊，Technova 製作

2030 年以後，能達到法定排放標準的只有 EV 和 PHV ！

EV 普及的瓶頸是①高價格、②行駛距離、③充電時間

雖然 EV 與 PHV 受歡迎的程度呈現上升趨勢，但仍未成為主流交通工具。它在普及過程中的阻礙有幾點，其中之一是 EV 與 PHV 裝載了昂貴的車用鋰離子電池（Lithium-ion Battery，以下簡稱 LIB），導致價格相較於傳統汽油引擎車高出許多。即便像特斯拉 Model 3 這樣價格相對親民的車款，也需要花費 444 萬日圓。

再者，一般來說，EV 充電一次可行駛的距離要比汽油引擎車短。因此若需要行駛 500 公里以上的長途旅程，EV 在途中就必須充電。雖然日本國內已設置了相當數量的充電樁，理論上是足夠使用的，但 EV 最短的充電時間也需要 30 分鐘，比起到加油站加油所花時間還是較長。

此外，由於 LIB 中含有可燃性有機溶劑，若無法確實控制電流、電壓和溫度，可能導致電池起火。海外就有多起由 LIB 引起的 EV 起火事故，因此如何確保其安全性也成為一個亟需解決的課題。

▶ EV 普及的瓶頸 圖表 35-4

電池價格太高，大約占車輛價格的 1 ／ 3
→車輛變得價格昂貴

電池能源密度比引擎低，能行駛距離較短
（平均約 400 公里）

充電時間太長，太麻煩
（在家充電 8 個小時，使用 SA ／ PA 快速充電 30 分鐘）

目前使用的鋰電池有冒煙及起火的可能
→海外有不少由 LIB 引起 EV 起火的事故報告

因應使用者需求，EV 與 PHV 逐漸多樣化

在逐漸成形的中國 EV 市場，為滿足各種不同需求，開始提供多種型號的 EV 和 PHV 車款。雖然特斯拉與歐洲汽車公司推出的豪華車在富裕階層中十分受歡迎，但對於第一次購車的人來說，價格親民的小型 EV 更受青睞。在小型 EV 中，最受歡迎的「宏光 MINI EV」，充一次電大概可行駛 150 公里。雖然行駛距離稍嫌短，但因為裝載的高價電池較少，一台售價不超過 50 萬日圓，相當實惠，因此在 2020 年成為最暢銷的 EV。

除了一般轎車，全球正在將 EV 運用於商用車，從行駛距離較短的小型卡車及小型貨車逐漸實現電動化。目前市場已有販售 EV 小型貨車，未來預計將會看到更多的 EV 車在道路上行駛。此外，全球各大卡車公司都在致力於新型 EV 卡車的開發，並預計在 2020 年代前期開始推向市場。

Lesson 〔擴大鐵路使用和電氣化〕

36 期待次世代鐵路列車帶來的二氧化碳減量成效

本課要點

相較於其他的交通方式，鐵路是二氧化碳排放量較少的大眾運輸設施。它通常能在較長的距離運輸大量的乘客，因此我們應該從降低整體交通系統的二氧化碳排放角度出發，鼓勵更多人使用鐵路運輸，並引進更節能的列車，讓鐵路帶來的環保效益最大化。

鐵路是一種節能且環保的交通方式

鐵路是一種負責大量運送旅客及貨物的交通設施。在日本的旅客運輸中，鐵路占整體的30%，但其能源消耗僅為4%，因此可視為一種能源效率佳的交通設施。

就旅客運輸而言，從各交通工具排放的二氧化碳來看，鐵路排放量最低，與轎車相比僅約為其1／7（圖表 36-1）。而在貨物運輸方面，鐵路與自用貨車相比，其二氧化排放量相當低，大約只有1／60，表現十分出色。

▶各交通工具單位客運量之二氧化碳排放比較 圖表 36-1

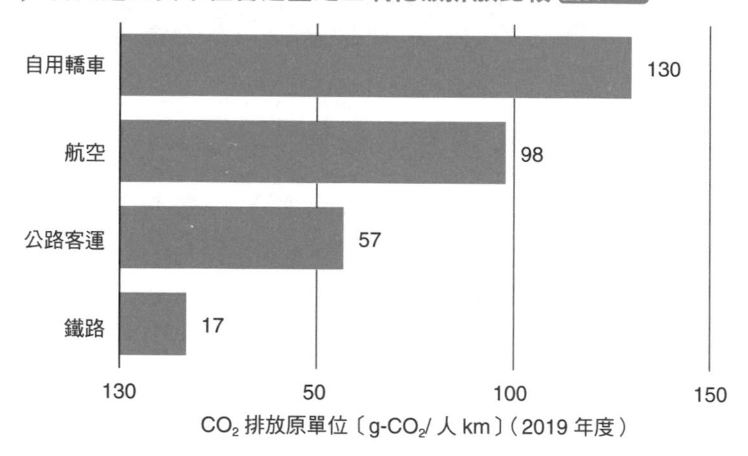

資料來源：國土交通省環境政策課資料

▶各交通工具單位貨運量之二氧化碳排放比較 圖表 36-2

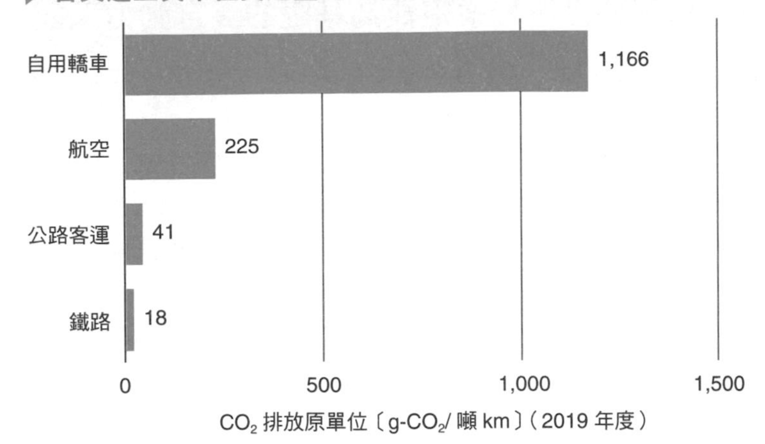

資料來源：國土交通省環境政策課資料

○ 推動鐵路運輸模式轉移

為了提高鐵路運輸的能源效率，日本國土交通省採取了一系列措施，推動貨物運輸模式由卡車轉向貨物鐵路。其中包括改善基礎設施，實現多車廂貨物列車（26 節車廂組成）在首都圈至福岡之間的直通運輸。同時，也發起了「環保物流合作夥伴關係會議」。這個會議由發貨方（貨主、發貨人）及物流業者參與，希望雙方共同努力，從物流面推動減少二氧化碳排放的措施，以達到更環保的物流運作。

▶模式轉移 圖表 36-3

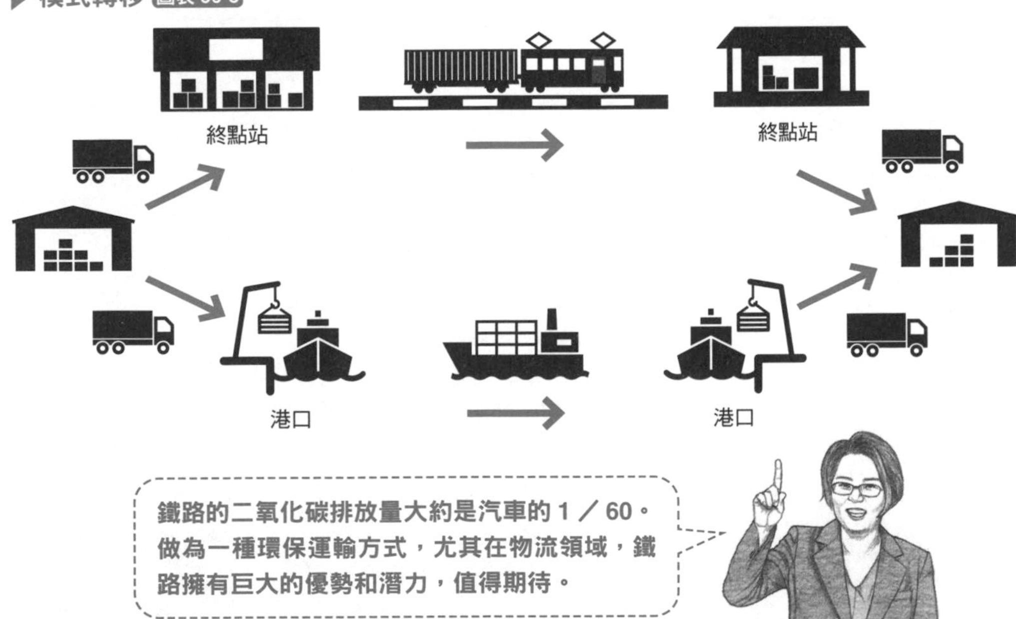

鐵路的二氧化碳排放量大約是汽車的 1 ／ 60。做為一種環保運輸方式，尤其在物流領域，鐵路擁有巨大的優勢和潛力，值得期待。

次世代車輛正迎來以燃料電池和蓄電池為基礎的混合動力系統

環保綠能當道，鐵路行業也積極參與這股綠色潮流，開始開發以綠能行駛的次世代列車。例如，JR 東日本便設定了「2050 年二氧化碳排放量實質淨零」的長期目標。為了實現此目標，2020 年，JR 東日本、日立製作所和 TOYOTA 汽車聯手宣布以氫氣做為能源，共同開發裝有燃料電池與蓄電池的動力混合系統之實驗性鐵路列車。這種將燃料電池車技術與鐵路技術相融合的創新列車，率先在 2022 年 3 月在鶴見線／南武線進行測試。

同樣的趨勢也在國際間蔓延。法國阿爾斯通和德國西門子等歐洲鐵路列車製造商也投入組合了燃料電池與蓄電池混合系統的列車開發。在 2020 年代後期，他們不僅進行了測試，還宣布計畫在車站等地設置氫氣供應基礎設施。

以實現淨零排碳為目標，就像電動車中的 FCV，鐵路列車也開始積極導入燃料電池技術。

Lesson 〔船舶、航空器領域的電氣化〕

37 到 2050 年，海洋與天空也必須減少二氧化碳排放

本課要點

環境法規的規範對象已擴大至海洋與天空。包括船舶和航空器都被要求，到 2050 年二氧化碳排放量必須降低至與汽車相同的水平。為了實現這個目標，我們先以汽車技術為基礎，進行技術的開發和改進。

○ 環境法規同樣適用於海洋和天空

環境法規的範圍正在擴大，不僅是陸地上的汽車，還包括海上的船舶及空中的航空器。關於船舶領域部分，國際海運所產生的二氧化碳排放量在 2018 年占全球的 2.1% 左右，相當於德國一個國家的量。隨著國際間物流量的增加，海上運輸也日益提高，因此，國際海事組織（IMO）在 2018 年提出了減少溫室氣體排放量的對策，並設定了相應的目標值（圖表 37-1）。想要實現這些目標，除了討論新規定、建造新船，同時也需要改進既有船隻的燃料消耗率。

在航空領域，二氧化碳排放量約占全球 2.6%，略高於船舶領域。隨著人們地區間移動的頻率增加，國際社會早已著手制定減少溫室氣體排放的國際協議（圖表 37-2）。全球的航空公司為了實現這個目標已開始採取各種措施。例如，日本的 ANA 集團，針對 2050 年度二氧化碳減排量，正在實施操作改善、航空器技術革新、生質燃料運用和碳權運用等方案。

▶ 船舶溫室氣體減量目標值 圖表 37-1

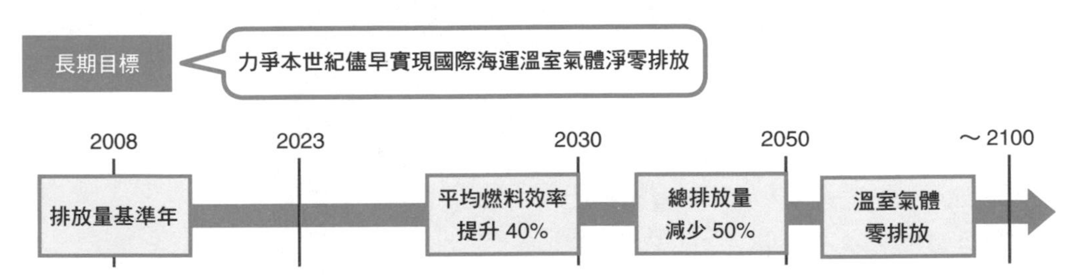

資料來源：國際海事組織（IMO）之 GHG 削減戰略（2018 年）

▶ 航空領域國際協議目標 圖表 37-2

① 國際民航組織（ICAO）的「全球願望目標（Global Aspiration on Goal）」（2010）
（a）到 2050 年，燃料效率平均每年提高 2%
（b）2050 年之後，避免溫室氣體總排放量增加

② 國際航空運輸協會（IATA）：因應國際民航組織倡議，制定三個具體行動計畫
（a）2020 年碳排量不再增加
（b）從 2009 年至 2020 年，燃料效率每年提高 1.5%
（c）至 2050 年，二氧化碳排放量為 2005 年的 50%

歐美率先使用電動船，日本也開始進行小型船隻電動化

與汽車和鐵路一樣，航運行業也開始採用電動技術，這趨勢最初是由海外率先推動的。例如，挪威在政府的支持下開發了電池船和燃料電池船、美國在舊金山灣進行了可搭乘 150 名乘客的燃料電池船實驗。與此同時，日本的國土交通省制定了實現零排放的藍圖，旨在 2050 年之前發展新的動力技術並建構完善的燃料供應體系。

這些新技術包括使用替代能源的電池船、氫氣燃料電池船、高效率的液化天然氣燃料船以及氨氣燃料船等。東京海洋大學基於車載技術，將電池或燃料電池系統應用於動力系統，建造出名為「雷鳥 N」的電動船（圖表 37-3），進行遠距離操控和自動航行等次世代交通系統的研究，以保持日本在船舶技術領域的領先地位。

▶ 電動船「雷鳥 N」圖表 37-3

東京海洋大學提供

各國紛紛啟動小型航空器電動化計畫

航空領域也開始展開電動化。歐洲各國投入巨額資金協助開發，以期早日實現航空器的淨零排放。這些開發的重點包括航空器的輕量化、替代燃料的利用，以及電動化和氫氣航空器等相關技術的發展（圖表 37-4）。

同時，日本也在環保成長戰略中推動電動化做為解決對策（圖表 37-5）。例如宇宙航空研究開發機構（JAXA）與民間合作，致力於研發讓客機這類大型航空器能夠實現電動化的技術，並計畫在 2020 年後期將小型電動飛機實際運用於社會。

▶ 歐洲淨零排放相關航空產業支援措施 圖表 37-4

國家	航空產業支援措施
法國	・2020 年 9 月宣布總額 150 億歐元的航空產業支援計畫 ・提前至 2035 年實現飛機淨零排放 ・3 年內投入 15 億歐元用於未來民航機的研究開發
德國	・2020 年 6 月，在「國家氫氣戰略」中宣布從 2020 年至 2024 年總計投入 2500 萬歐元，用以支持燃料電池混合動力系統、氫氣發電機、氫氣燃燒引擎等航空器的次世代計畫
英國	・2020 年 11 月，公開發表「綠色產業革命的 10 大重點計畫」，宣布投入 1500 萬英鎊，以促進零碳航空器的設計和開發工作，目標是 2030 年讓零碳航空器啟航

▶ 日本經濟產業省綠色創新基金事業「次世代航空技術開發」計畫的發展方向 圖表 37-5

開發項目	內容
航空器的電動化（設備、推動系統）	目前，航空器的電動化主要用於提供輔助動力和地面停留時的電力供應，包括使用蓄電池等裝置。雖然目前應用的範圍有限，但未來將擴展至飛行時的動力以及內部系統的運作等方面
氫氣航空器	氫氣燃料引擎及儲氫罐的研發
機身和引擎的輕量化、效率化	在航空器和引擎的製造方面，引進較輕、耐高溫的新材料。例如將原本使用的鋁合金改為碳纖維複合材料，或者將引擎改成碳纖維複合材料、陶瓷基複合材料等

為實現淨零排放的目標，船舶與航空領域的電動化也變得十分活躍。

專欄

如何規避電池需求快速成長所帶來的供應鏈風險

由於汽車等交通工具的電動化，鋰離子電池的需求量大增，生產量也跟著急遽增加。全球鋰離子電池的生產量在 2020 年已達到約 250GWh，和 5 年前相比大約增加了 3 倍。這種急速增長的需求帶來了新的議題和挑戰。

首先，面臨籌集鋰離子電池原料等關鍵資源的風險。製造鋰離子電池所需的材料包括鋰、鈷及鎳等稀有金屬。一般來說，1 輛 EV（電池容量 40kWh）需要使用 4 公斤的鋰、12 公斤的鈷以及 12 公斤的鎳，需求量相當多。而為了取得這些資源，需要開採數噸的原料礦石，並消耗大量水資源進行精製，對環境造成了嚴重負擔。而且，由於生產計畫需要耗費數年至 10 年的時間，因此很難應付目前激增的需求量。

再者，這些資源主要存在於特定地區，大多數位於政局不穩定的國家，這使得穩定採購變得十分困難。此外，許多礦場並未實現工業化，可能存在兒童於危險環境下徒手挖掘的情況，因此人權團體對兒童勞動和工作環境提出了質疑。針對這個問題，蘋果公司透過其供應商努力改善工作環境，但從全球範圍來看，這樣的做法似乎有點緩不濟急。

其次，我們面臨未來可能出現大量廢電池的問題。目前，以中國和歐洲為中心，EV 及 PHV 的銷售量不斷增加。然而當這些新車使用約 10 年後，它們將開始成為廢棄物，因此可以預見未來將產生大量廢電池。車用鋰離子電池內含可燃性有機電解液，由於能源密度高，容易引發火災，且含有毒的鋰及氟，若直接掩埋，將導致水質和土壤污染。因此，妥善處理廢棄電池至關重要。目前汽車製造商和材料供應商正在共同研究最適當的回收方法和計畫，但實際應用可能還需要一點時間。與此同時，也開始審查車用鋰離子電池的二次利用。從已經報廢的 EV 中取出整個電池系統，評估電池殘留的性能，如果仍能使用，就可以再次利用於再生能源等定置型電池系統。

總的來說，只要高性能電池能夠重複利用並延長使用時間，就有望推遲資源的消耗，並為回收技術的研究爭取更多時間，因此這種新的做法目前正受到關注。

Chapter

5

脫碳、低碳能源的活用

本 Chapter 將針對經營脫碳事業所不可或缺的元素：脫碳和低碳能源做說明。在新聞中經常聽到的這些新能源，我們究竟要怎麼善加運用呢？

Lesson 38

〔因脫碳而受到注目的能源〕

能實現脫碳社會的能源

本課要點

在進行商業活動時能源是不可少的。那麼，有哪些脫碳能源可使用呢？當然，電力是其中之一，但為了促進脫碳化，我們必須開始推動節能，並轉向使用低碳能源。

商業活動與能源的關係

在商業活動中，能源是不可或缺的。一般狀況下，我們會使用電力做為電源來源，但是在採購、物流作業時會用到車輛，因此燃料也是必須的。此外，在工廠進行加工或乾燥產品時，還需要使用熱能源。對於大型事業單位來說，通常會設有員工餐廳，這就需要使用天然氣進行烹飪。圖表 38-1 中展示了製造業中各種能源消耗的演進。長期以來，日本一直依賴著石油，但自 1973 年的石油危機以來，逐漸轉向使用天然氣及蒸氣，而最近電力使用的比例則是明顯增加。商業活動中，幾乎所有場合都需要能源，但使用能源會產生二氧化碳等溫室氣體。因此，我們需要努力控制使用的能源種類，促進節能，並轉向使用低碳能源。

▶ 製造業依能源種類的消耗演進 圖表 38-1

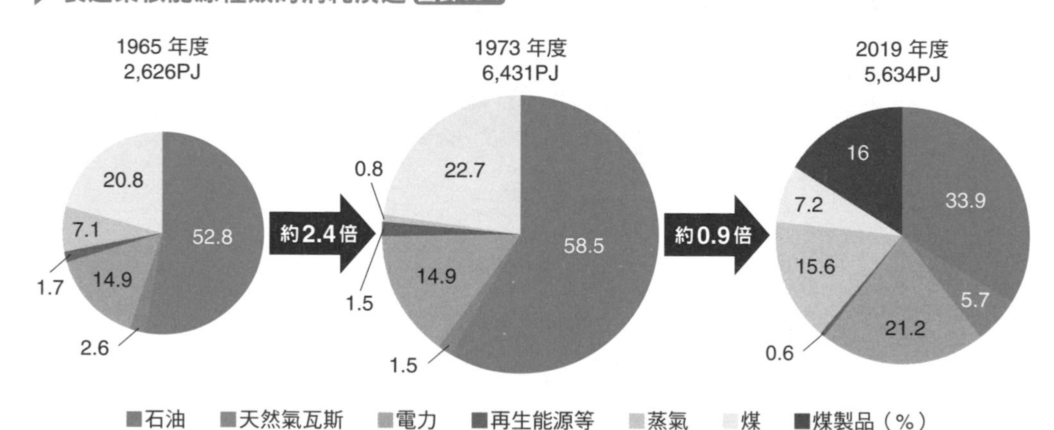

資料來源：2020 年度能源相關的年度報告（能源白皮書 2021）

受到關注的氫氣，究竟對脫碳化有多少貢獻呢？

本課要點

最近很常在新聞中聽到「氫氣」。氫氣是一種終極能源，燃燒之後只會產生水。它究竟是什麼樣的東西？我們又該如何利用它呢？

○ 氫能源

氫氣的原子序數為 1，是最輕的原子，通常由兩個氫原子透過化學鍵結合形成氫分子。然而，地球上的氫氣並不是單獨存在的，它大部分都是以水（H_2O）的形式存在。日文以「水素」表示氫氣，由「水」的「素（源頭）」所組合而成，即「氫氣是由水生成的」，同時也解釋了「hydro」、「gen」在英文中的含意。

氫氣和空氣中的氧反應後會產生電力與熱能，而且不會排放二氧化碳，因此相當受到國內外的關注。

例如，使用燃料電池等裝置，可以利用氫氣發電，同時也能利用其所產生的熱能（圖表 39-1）。這意味著，使用者可以在不排放二氧化碳的情況下同時使用電力與熱能。

▶ 燃料電池的結構 圖表 39-1

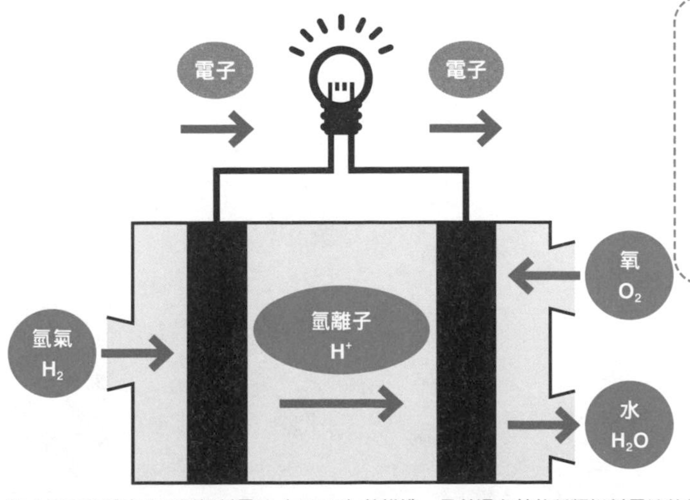

註：這是固體高分子型燃料電池（PEFC）的構造，另外還有其他種類燃料電池的結構

氫氣受到關注的原因之一是在使用過程中不會釋放二氧化碳，而且根據生產方法，製造過程也有可能不會釋放二氧化碳。目前是透過使用燃料電池這種裝置，來實現氫氣發電的目標。

NEXT PAGE →

氫氣是如何產生的？

氫氣並不像石油、天然氣等是一種原本就存在於地球上的自然資源，而是透過製造產生的，就像電力一樣。

如同製造電力，氫氣的製造方法也是多種多樣 圖表 39-2，包括從天然氣、煤、水中提取，或是以高溫讓木材產生氣化反應以取得氫氣。另外，也可以透過電力將水分解，使其產生氫氣。

製造氫氣的方法會影響其對環境的友善程度。例如，如果使用天然氣或煤來製造氫氣，製造過程中會釋放二氧化碳，對環境並不友善。然而，如果能運用二氧化碳捕捉和封存技術（CCS），將產生的二氧化碳封存到地層，則可以降低對環境的不利影響。

另外，如果以木材為原料製造氫氣，由於木材本身是碳中和的一部分，因此製造出的氫氣也屬於碳中和，不會排放二氧化碳。

至於使用水電解製造氫氣，則二氧化碳排放量取決於使用的電力來源。如果使用再生能源提供的電力，則不會排放二氧化碳。但如果使用火力發電提供的電力，那麼在製造氫氣的過程中就會排放二氧化碳。有關電力的二氧化碳排放量，在前面章節有詳盡的解說。

▶ 氫氣產生方法 圖表 39-2

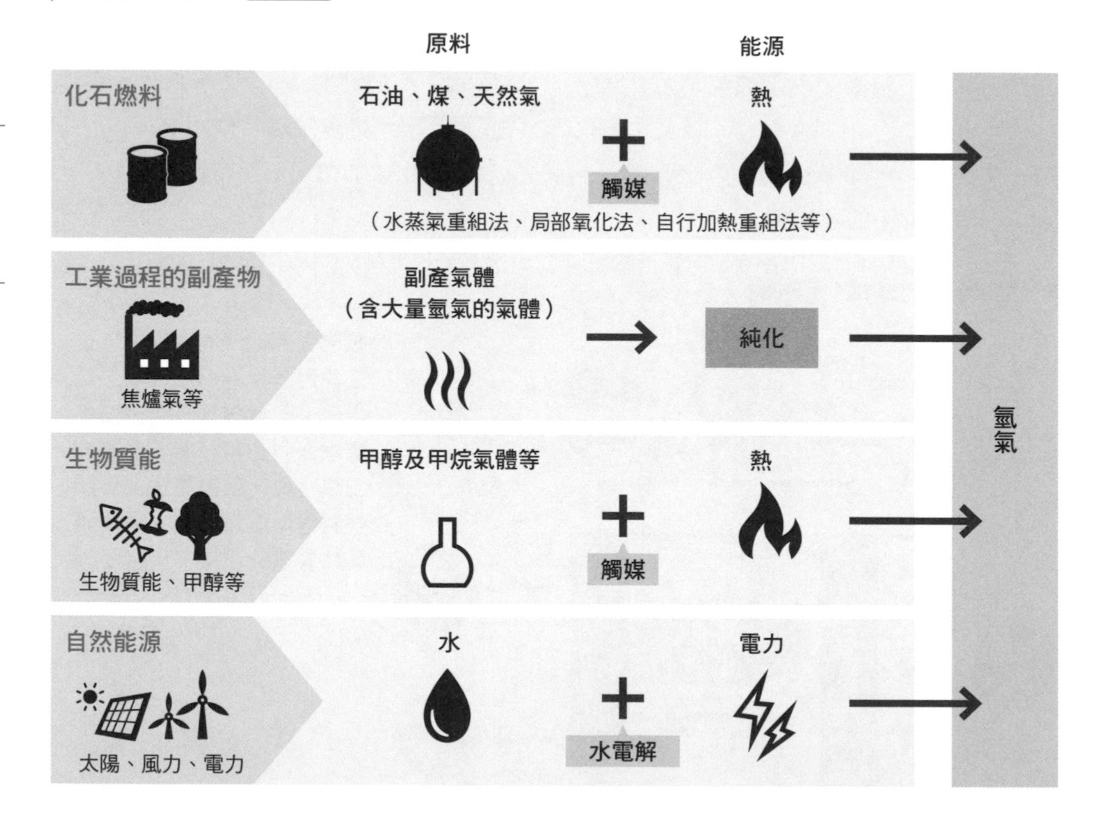

脫碳管理與氫能

應該如何將氫氣運用於脫碳化呢？

首先，可以將公司的車輛替換為氫氣燃料電池汽車（FCV），這樣在行駛時就不會排放二氧化碳（圖表 39-3）。此外，市面上也開始有燃料電池（Fuel cell，以下簡稱 FC）公車，因此也可以引進接駁車或公共汽車（圖表 39-4）。預計不久的將來還將開始銷售 FC 卡車，這將有助於低碳物流的實現。

另外，除了使用氫氣的燃料電池汽車，也可選擇不會排放二氧化碳的汽車，如電池式電動車。儘管這麼做可能造成雙方相互競爭，但對於公車、卡車等大型車輛來說，燃料電池汽車還是更為適合。這是因為電池式電動車的大型電池會占用太多空間，反而導致載客數量和載貨量受限。

▶ 燃料電池汽車（FCV）「MIRAI」圖表 39-3

照片提供：TOYOTA 汽車

▶ 燃料電池公車（FC 公車）（SORA）圖表 39-4

照片提供：TOYOTA 汽車

NEXT PAGE ➔

氫氣也可以運用在定置型燃料電池中，小型發電系統如 ENE-FARM，已經可以運用在家庭或辦公室（圖表 39-5）。此外，大型的燃料電池系統（5 ～ 100kW）也已開發出來，並可在工廠等較大的工商業場所中使用。

做為未來的低碳能源，氫氣的普及應該是值得期待，大家不妨密切關注其發展動向。

▶ 定置型燃料電池系統 ENE-FARM 圖表 39-5

照片提供：Panasonic 股份有限公司

照片提供：AISIN 股份有限公司

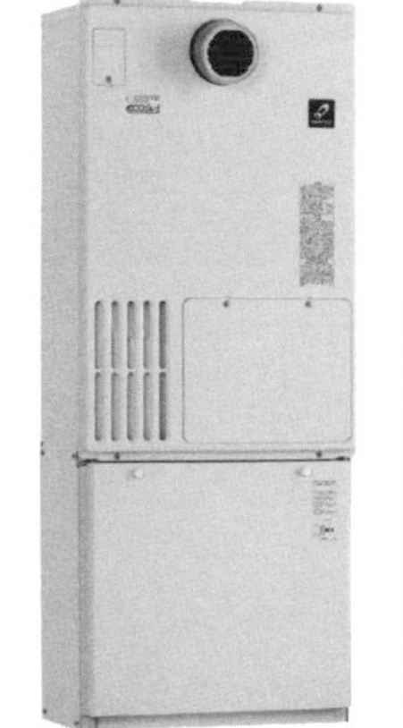

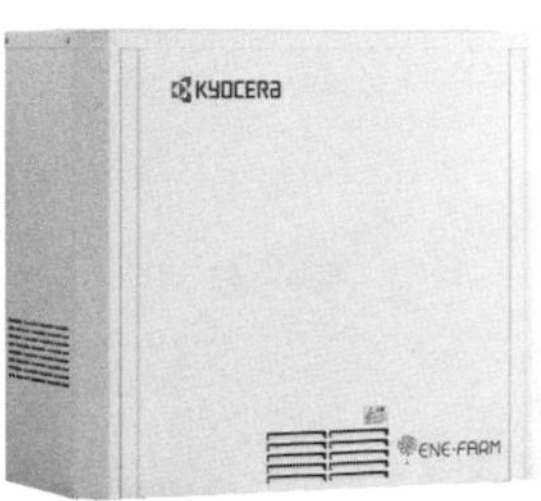

照片提供：KYOCERA 股份有限公司

ENE-FARM Mini 是一種小型家用燃料電池產品，使用家用天然氣做為燃料。在這種燃料電池裝置中，將家用天然氣進行重組，產生氫氣，進而生成電力和熱能。

Lesson 〔氨氣〕

40 氨氣也是一種能源嗎？

本課要點

或許有人會懷疑氨氣是否可以被視為一種能源。事實上，做為不會排放二氧化碳的能源之一，氨氣的確具有潛力，值得期待。究竟，氨氣與商業活動有什麼樣的關係呢？

人類與氨氣

氨氣是一種帶有強烈臭味的物質，而且具毒性。提到氨氣，有些人可能會聯想到「尿」，但準確地說，尿液中的主要成分是尿素，而不是氨氣。生物體內的代謝中，身體會將具有毒性的氨氣轉換成無害的尿素，然後排出體外。

那麼為什麼體內會形成氨呢？是因為生物攝取的食物中含有氮，這些含氮化合物在代謝過程中被轉化成氨，然後再進一步轉化成尿素。

食物含有氮這件事是很重要的。喜歡園藝的人對於肥料包裝上「氮」這個字應該不會感到陌生。這裡所說的「氮」，指的就是含有氨的化合物。換句話說，製造肥料時氨氣是不可或缺的（圖表 40-1）。

20 世紀之後，人們才開始使用氨氣來簡單製造肥料。1906 年，德國開發出一種技術稱為「哈柏法」，是利用空氣中的氮氣和水電解之後產生的氫氣製造氨。哈柏法的出現，大大促進了農業的發展，進而支持 20 世紀的人口爆發。

▶ 在肥料中相當重要的氨氣 圖表 40-1

氮氣

莖葉生長

磷酸

影響花及果實

K

鉀

維持根部及植物整體健康

使用氨氣做為燃料

氨氣可以像汽油及液化天然氣一樣燃燒，並且能驅動引擎和燃氣渦輪機運轉。如果能使用氨氣取代部分燃煤發電及燃氣發電的燃料，就能減少相應數量的二氧化碳排放量。因此，我們目前正在積極開發能夠完全使用氨氣發電的技術（請見 Chapter 2）。將氨氣做為燃料的使用優點在於「燃燒過程不會產生二氧化碳」。這是因為氨氣本身只由氮氣和氫氣所組成。

當氨氣做為能源使用時，我們稱之為「氨燃料」（圖表 40-2）。以氨氣發電的小型裝置如氨氣燃料電池，目前也正處於開發階段（圖表 40-3）。

▶ 氨氣做為燃料的使用方法（氨燃料）圖表 40-2

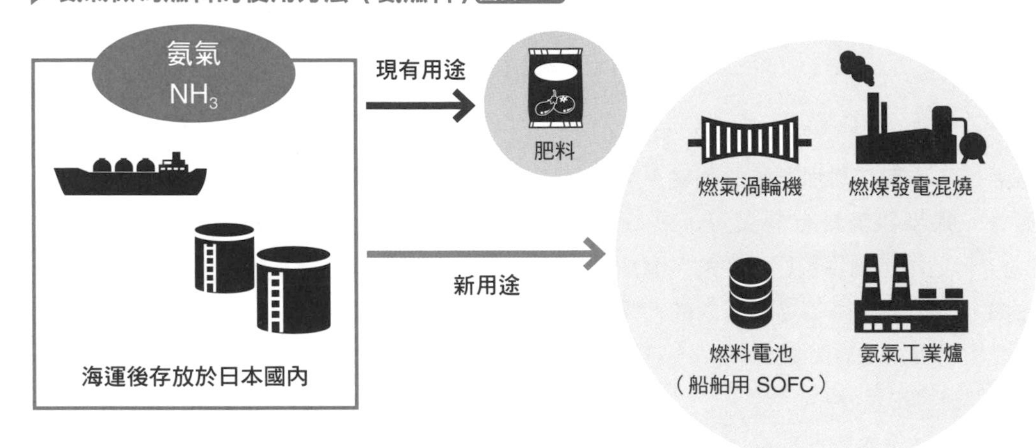

▶ IHI 開發的氨燃料電池 圖表 40-3

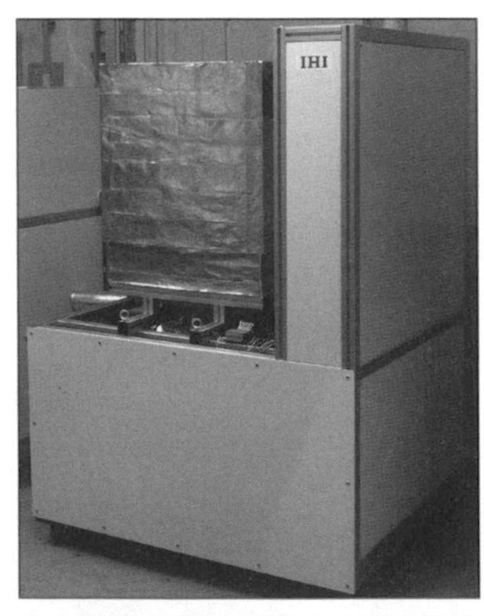

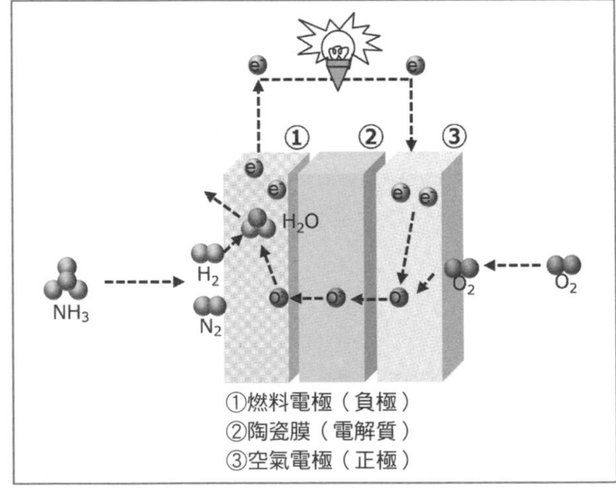

左：固態氧化物燃料電池（SOFC）系統、右：SOFC 原理

照片提供：IHI 股份有限公司

脫碳管理與氨能

氨氣（氨燃料）和脫碳管理關係密切。2011 年 10 月，日本內閣會議通過了第六次能源基本計畫草案，明確提出 2030 年新電力供應比例的目標。計畫中鼓勵在電力供應方面增加氫氣和氨氣的比例，預計約占總發電量 1%。這意味著需要相應的基礎建設來輸送氨氣，從而可能帶來新的商機。

為了實現氨氣在燃煤火力發電廠中取代煤的目標，各大型重工業廠商及電力公司正積極主導進行研究和開發。其中，日本國內最大的工業爐廠商——中外爐工業株式會社，除了在國營事業部分開發新電源外，還投入了氨氣專燒燃燒器的研發，用於燃煤火力發電廠。所謂的氨氣專燒是指不使用化石燃料，因此在燃燒過程中不會產生二氧化碳，對火力發電領域的脫碳化具有重大貢獻。由於該公司是國營企業，因此與大阪大學和東京大學合作，開發可用於各種工業爐的氨氣專燒燃燒器，預計在 2025 年實際運用（圖表 40-4）。

此外，氨氣一經分解便會轉化成氮氣及氫氣，而所得到的氫氣可以使用於燃料電池車上。儘管目前氨氣在脫碳管理方面尚不常見，但將來它有望成為一種不錯的脫碳解決方案。

▶ 氨氣燃燒器試驗裝置 圖表 40-4

照片提供：中外爐工業股份有限公司

Lesson 〔合成燃料〕

41 合成燃料被寄予厚望，但現實狀況如何？

本課要點

你或許聽過合成燃料或電子燃料（E-Fuel）這樣的名詞。它不使用化石燃料，而且裡面有一個「E」，可能會讓人聯想它是一種類似電力的能源。然而，它究竟是一種什麼樣的能源呢？

什麼是合成燃料？

合成燃料就是合成的燃料，和從地底挖掘並精煉的化石燃料有著明顯的區別。化石燃料如煤、石油、天然氣等也稱為自然資源，是天然存在的，經加工後成為燃料。合成燃料則是人工合成的，通常由氫氣和一氧化碳合成，例如合成甲烷和合成汽油等（圖表 41-1）。此外，從化石燃料的天然氣製造出類似汽油或柴油的液態燃料，也可歸類為合成燃料。而若是從非化石能源製造出類似化石燃料的產品，同樣也稱為合成燃料。

另外，還有一種叫做「E-Fuel」的概念，從代表著電力的 E 這個字可理解，指的是使用電力分解產生製造的氫氣來合成的燃料。換句話說，E-Fuel 也是合成燃料的一種。

▶ 合成燃料的概念 圖表 41-1

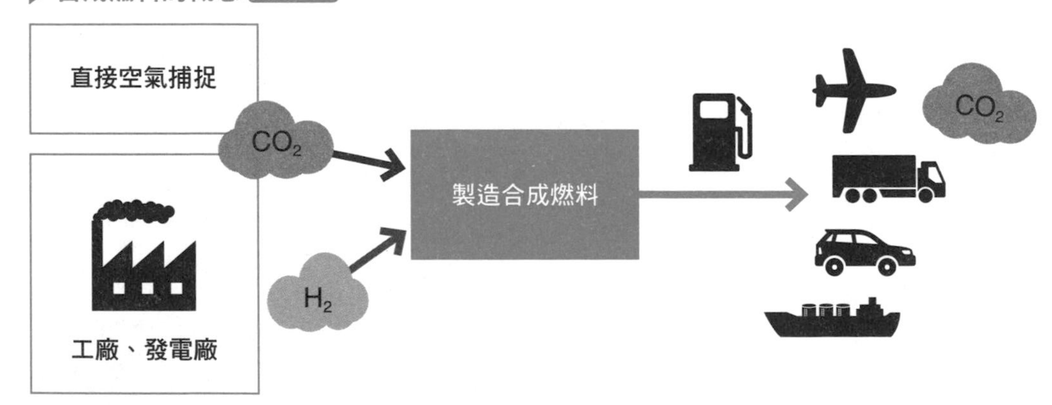

合成燃料對環境友善嗎？

合成燃料對環境友善的程度取決於所使用的碳來源。

在製作合成燃料時，首先需要考慮碳的來源。氫氣能夠以再生能源等途徑來生產製造，從這方面來看，合成燃料可能對環境友善。然而關於碳源這部分就需要思考一下。如果是使用化石燃料火力發電、製鐵、製造水泥，甚至商業活動產生的二氧化碳來製造合成燃料，那麼原本釋放到大氣中的二氧化碳將被其他燃料吸收，這就是所謂的「二氧化碳的第二人生」。當這些合成燃料被燃燒時，雖然整體上二氧化碳排放量會減少一半，但並不能完全達到碳中和。

相較之下，如果使用生物質能來發電，或是使用從大氣中捕捉的二氧化碳（直接空氣捕捉，DAC）來製造合成燃料，則只有在燃燒時所產生的二氧化碳會再次釋放到大氣中，這樣就能達到碳中和。

總而言之，合成燃料對碳中和的貢獻取決於所使用的二氧化碳來源。目前各國正在制定計算二氧化碳減排量的指南。

特別需要注意，儘管合成燃料能夠減少二氧化碳的排放，但並不是一定能絕對達到碳中和！

低碳管理與合成燃料

合成燃料在企業的脫碳管理中有什麼貢獻呢？

製造業多少都會排放二氧化碳，但只要透過將這些排放的二氧化碳捕捉，並與氫氣反應以製成合成燃料，就可以有效地減少企業的二氧化碳排放量。雖然在合成燃料的燃燒過程中仍會釋放二氧化碳，但相較於直接燃燒化石燃料，排放量會更少。

如果公司擁有車輛，可以考慮將來使用合成燃料例如 E-Fuel 來替代傳統汽油，以進一步減少交通排放。

同時，近年來，合成燃料在航空業的使用也不斷發展。

總之，無論是在哪個產業，合成燃料的提供與利用對於國家、能源供應公司和企業來說，都是一個值得積極討論和持續關注研究的議題。

Lesson 〔生物質能〕

42 我們可以使用似乎對環境友善的生物質能嗎？

本課要點

生物質能是什麼？因為「生物」兩個字，讓人覺得它在某種程度上似乎是對環境友善的。如果正確使用，它是一種有效的能源形式，但也存在著成本與碳中和方面的問題。

生物質能與碳中和

生物質能一詞由「BIO（生物）」及「MASS（質量）」組成，指的是來自生物的資源或可利用的生物資源。雖然從定義來看可能不太清楚，但我們可以舉幾個具體的例子來說明。

生物質能的典型代表就「薪柴」。即使在現代，我們仍會在露營地使用木柴，市面上也有販售家用或郊外用的燒柴暖爐。當木柴燃燒時會釋放二氧化碳，但這並不表示二氧化碳是有害物質。木柴是由植物（木頭）所製成，而植物透過光合作用吸收大氣中的二氧化碳，釋放氧氣並持續生長。換句話說，樹木的生長過程有助於維持大氣中的二氧化碳含量，所以即使木柴燃燒後會釋放出二氧化碳，也僅是將之前吸收的二氧化碳歸還到大氣中。這種過程也可視為「碳中和」的一種形式（圖表 42-1）。

生物質能具有碳中和的性質，因為它源自於植物本身，所以即使做為能源使用後釋放二氧化碳，大氣中的二氧化碳含量也不會增加。

▶ 生物質能與碳中和概念 圖表 42-1

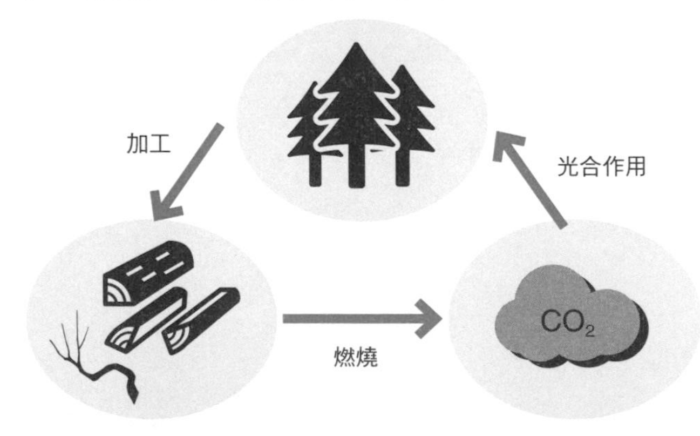

如何利用生物質能？

不僅是植物，動物也是生物質能的一部分，因為他們存在於植物的食物鏈中。例如牛等動物是依靠食用植物生長的，他們的身體質量基本上是來自於植物。嚴格來講，食用牛肉的人類也是因為有植物而存在。因此，一般來說，食物也可以被視為生物質能的一部分，例如收集食物殘渣（即剩餘的食物），使其發酵並產生甲烷（類似家用天然氣），然後將其燃燒，這也可以算是碳中和。我們可以這樣說，大氣中的二氧化碳存在於食物中，進行發酵後轉化為甲烷，再經過燃燒後返回大氣中。

又如 圖表 42-2 中，收集牛隻的排泄物，使其發酵產生甲烷，然後用來發電並產生電力，這也是碳中和的一種方法。因為牛隻的排泄物主要來自於他們所吃的植物。

需特別注意，甲烷所造成的溫室效應比二氧化碳嚴重，因此完全燃燒甲烷非常重要（請見 Lesson 10）。

▶ 牛糞的生物質能利用範例 圖表 42-2

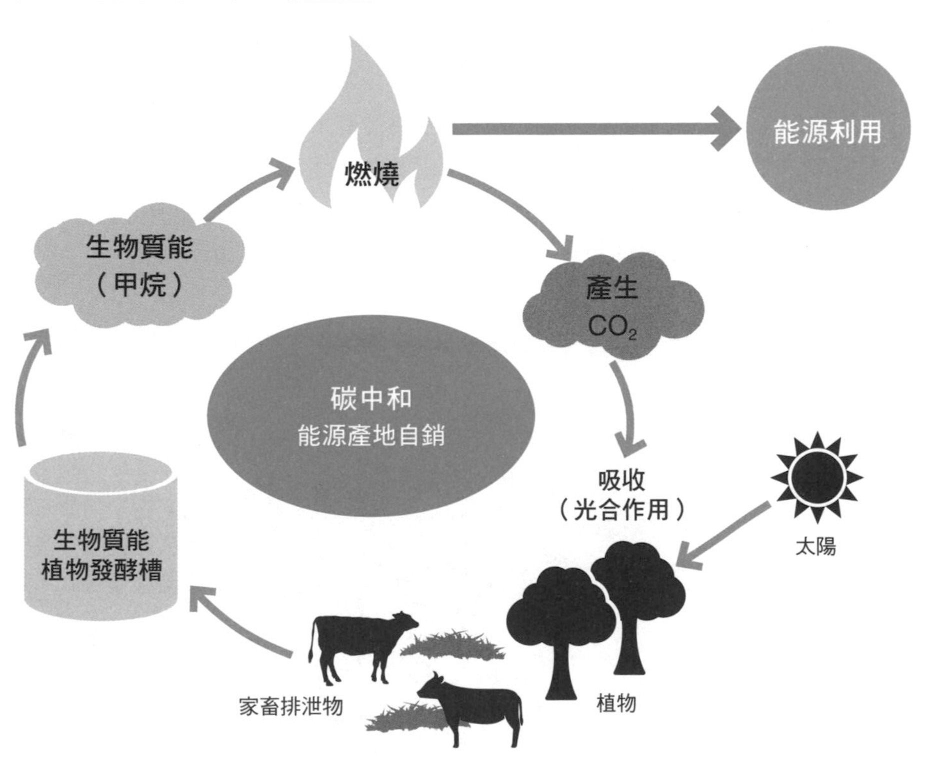

人類生活中不可或缺的污水處理設施，在處理污水的過程中，微生物的活動會產生甲烷。將這些產生的甲烷進行燃燒，轉化為能源，也可視為一種碳中和的方式，因為人類的排泄物也源自於食物。

生物質能的課題

生物質能無法普及的原因之一是成本問題。因為它來自於動植物，需要收集並加工製作成為可使用的能源形式，例如透過發酵製成甲烷，這需要一定的時間和成本。儘管如此，至少現在已經開始在商業活動中善加運用生物質能。

另一個問題是，雖然生物質能源自於動植物，但並非所有都能達到碳中和。例如，將樹齡 100 年的樹木砍伐當做燃料使用，這將導致樹木在 100 年當中從大氣中吸收的二氧化碳在燃燒時全部釋放出來，使大氣中的二氧化碳量瞬間增加。在自然森林中，微生物分解枯死的樹木，釋放出二氧化碳，但因為新樹木的不斷生長，整個森林的二氧化碳量會維持循環。不過，如果是人為砍伐樹木，且未種植相應數量的新樹，那麼二氧化碳就無法正常循環。因此，生物質能有時無法實現碳中和，這點需要留意！

低碳管理與生物質能

生物質能的代表包括木頭和柴。在寒冷地區，常見典型的生物質能利用方式是使用燃燒「間伐材」所得到的木屑顆粒。同時，地方政府等機構也會利用來自污水處理廠的生物質能（甲烷）來發電。

許多企業也開始採用廚餘、廢油、廢材等生物質能來發電，如 圖表 42-3 所示。

儘管收集生物質能是一件繁瑣的事，但只要願意投入努力，就能有效減少二氧化碳的排放。

▶ 生質能發電範例 圖表 42-3

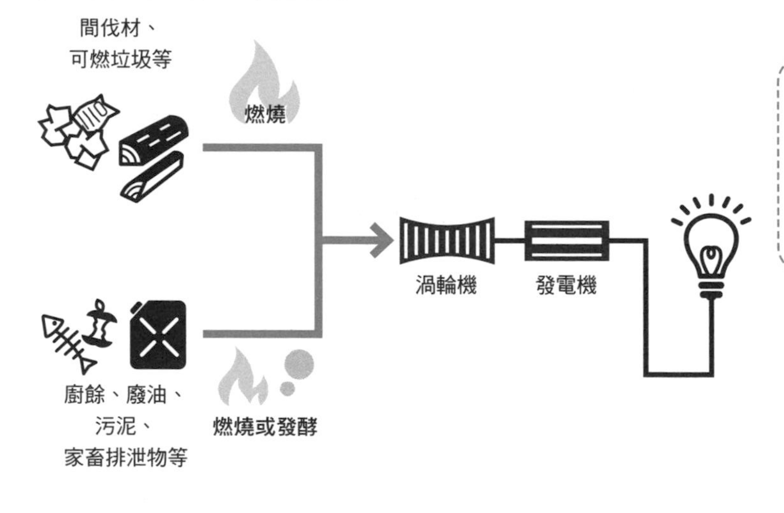

Lesson 43 〔其他能源〕

難道沒有其他能源可以使用嗎？

本課要點

在產業界及我們周遭都還有其他能運用的能源，例如工廠廢氣及未利用能源。然而，並非所有能源都可有效利用。有哪些未利用的能源是可以被運用的呢？

○ 工廠廢氣

工廠在生產過程中會產生各種不同類型的廢氣。例如製造業在材料加工和乾燥過程中通常會產生大量熱能，這些熱能往往以高溫廢氣的形式排到大氣中（即排熱）。如果將這些排放的廢氣回收，就可以再次利用。然而，直接利用廢氣是不可行的，但可以透過熱交換技術從廢氣通道（即煙囪）中提取高溫。在產業界中，有許多工廠和設施會排放 150 ～ 200℃左右的廢氣（圖表 43-1）。這個溫度可以用來加熱水，但用來發電就稍嫌不足。一些產業甚至會排放超過 500℃以上的廢氣，這足以驅動發電用的渦輪機（圖表 43-2）。然而，如何持續穩定且充足地獲取這些廢氣仍需進一步研究。

▶ 工廠廢氣排放一覽表 圖表 43-1

		100 ～ 149℃	150 ～ 199℃	200 ～ 249℃	250 ～ 299℃	300 ～ 349℃	350 ～ 399℃	400 ～ 449℃	450 ～ 499℃	500℃ ～
廢氣溫度較高的產業	電力產業	■								
	化學工業		■							
	鋼鐵業	■	■							
	窯業、土石產品製造業	■	■							
廢氣溫度中等的產業	清潔服務業		■	■						
	紙漿、紙及紙製品製造業	■	■							
	食品製造業		■							
廢氣溫度較低的產業	紡織業	■	■							
	電器機械產業		■							
	非鐵金屬製造業			■	■					■
	輸送機械設備製造業	■			■					■
	天然氣、熱供應業	■	■							

資料來源：未利用熱能革新活用技術研究組合「產業領域的廢氣實際狀況調查報告書」

NEXT PAGE

▶ 工廠廢氣利用示意圖 圖表 43-2

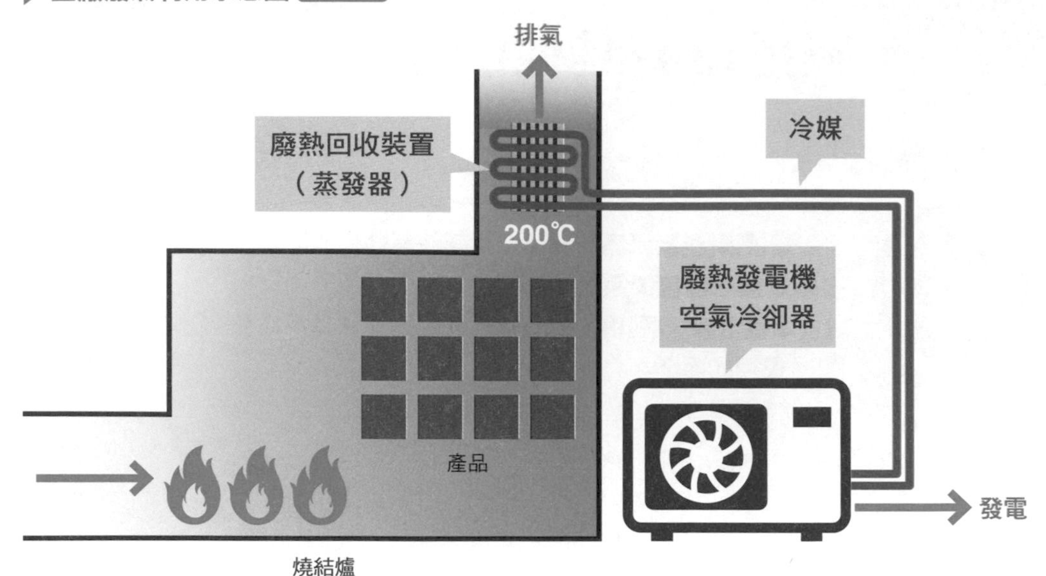

資料來源：https://www.nedo.go.jp/content/100925271.pdf

○ 淺層溫能

地面溫度與氣溫相同，導致夏天炎熱，冬天寒冷。但是在地底深度超過 10m 以下的地方，全年都會保持一定的溫度（視地區而定，例如在日本約為 10 ～ 20℃）。利用這種穩定的溫度，可以透過管道循環空氣，夏天提供涼爽的冷空氣，冬天提供溫暖的暖空氣，這就是所謂的淺層溫能。

為了更有效地利用淺層溫能，人們開發了一種稱為「熱泵」的技術，它可以在空調系統中製造出比地底溫度更高或更低的空氣。例如，以東京晴空塔為中心的複合型設施，是在東京都內進行的一個大規模複合性開發計畫，也是第一個使用淺層溫能的案例之一。

另外，還有地熱（地熱發電）這一名詞，它是利用地底深處的熱能所產生的水蒸氣及熱水來推動渦輪發電機發電。地熱發電和淺層溫能在地下深度、溫度及利用方法等方面都有所不同，需要加以區別。

雪冰熱

雪冰熱是指在寒冷地區，利用積雪和結凍的冰等資源貯藏至夏季，做為冷卻空氣和水的能源。這種方法可應用至大樓的空調系統、農作物的冷藏，甚至最近也用於數據中心的伺服器冷卻上。

由於在寒冷地區，可以儲藏的資源非常豐富，只要有相應的儲存設備，就可以有效運用這些資源，產生顯著的效果。例如，位於日本札幌市 MOERE 沼公園的「玻璃金字塔」，就儲藏了約 1,589 噸的雪，這些儲存的雪在 6 月到 9 月期間可以供應設施的冷氣使用（圖表 43-3）。

▶上：玻璃金字塔、下：雪室 圖表 43-3

照片提供：MOERE 沼公園

專欄

歐盟永續金融分類標準

歐洲在對抗全球暖化以及永續發展等全球性議題上處於領先地位。歐盟的執行機關──歐盟執委會在 2021 年春天公布了名為「歐盟永續金融分類標準」（EUtaxonomy）的投資標準明細，通稱綠色清單（Green List）。這些標準針對產業活動中的永續發展方面，如溫室氣體排放等進行了規定。例如對於鋼鐵製造業，每生產 1 噸鋼的溫室氣體排放量應低於 1,4433 噸，而對於未來可能用於各方面的氫氣，每噸溫室氣體排放量則應低於 3 噸。

這些標準雖然有些嚴苛，但旨在實現 2050 年的淨零排放目標。

其實，歐盟永續金融分類標準與傳統的排氣管制不同，它不是透過直接規範約束企業的排放行為來實現目標，相反的，它的目的是鼓勵投資者和金融機構投資於未來的技術，特別是那些有助於永續發展的技術或項目。這種標準可能成為 ESG 投資與公共投資（援助款、補助款）的指標。最近，歐盟理事會在 2022 年 1 月的綠色清單中提出，包含核能發電及天然氣發電（火力發電、汽電共生、地區熱供應）在內的政策方針，引起了廣泛的討論。未來，歐洲可能在滿足某些條件下建造核能發電廠，並新建天然氣火力發電廠，但這些舉措主要是為了替代燃煤發電廠。

同時，新建設施應與 CCS 技術結合，並在 2035 年年底之前轉換為生物質能或氫氣燃料。雖然這與日本國內企業沒有直接關係，但如果日本企業的產品製造地點位於歐洲，或產品出口到歐洲，則需要考慮是否符合歐盟永續金融分類標準。因此，今後仍需密切關注歐盟的相關動向。

歐盟永續金融分類標準旨在推動「透過引導產業界的投資，於 2050 年實現脫碳化的目標」。做為脫碳化的領先者，歐盟在這方面的投資也領先於其他國家。

Chapter

6

關注能源系統的變化

當能源使用發生改變時，相應的基礎設施和制度也會隨之調整。儘管這可能帶來一些挑戰，但同時也意味著商機的出現。因此，讓我們先了解目前的趨勢和動向吧！

Lesson 44 〔能源系統〕

何謂能源系統？

本課要點

在先前的章節中，我們針對「電力與燃料使用的改變，是為了實現脫碳目標」這一狀況進行說明。而這個變化，也影響了能源系統的結構。

何謂能源系統？

「系統」一詞有時難以理解，可以翻譯成體系、系列以及架構等。能源系統指的是從能源產生到使用為止的整體過程。其子系統包括電力系統、石油供應系統、天然氣系統以及供熱系統等（圖表 44-1）。

在能源系統中，維持系統得以穩定有效運作的基礎設施至關重要。然而，讓這些基礎設施能使用的電力和天然氣等能源事業制度結構也同樣重要。

▶ 能源系統範例 圖表 44-1

電力系統

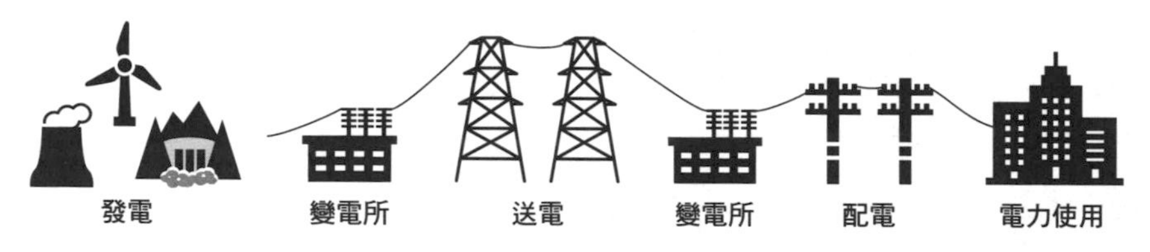

天然氣系統

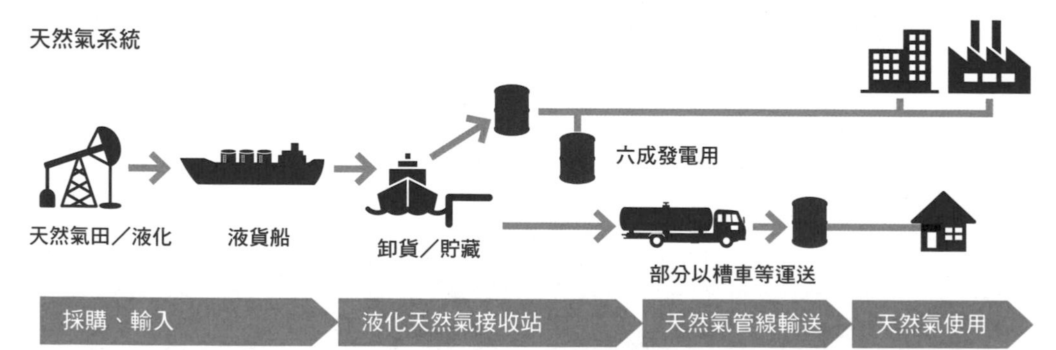

○ 能源系統的演進

隨著時代的改變，能源系統也隨之產生變化。

不同種類的能源需要相應的基礎設施來儲存和運輸。例如，使用煤炭需要鐵路運輸，使用石油需要管線及油船，而使用天然氣則需要天然氣管道和 LNG 船、LNG 槽車等。另一方面，若將能源轉換成電力，則需要發展配送電力的電線等設施（圖表 44-2）。此外，儲存燃料及電力的能源貯藏設備也會跟著產生變化，而能源利用機器也會跟著調整，從煤炭機器轉移成石油機器、天然氣機器，甚至是電力機器（請見 Lesson 34）。

▶ 能源系統在運輸方面的轉變 圖表 44-2

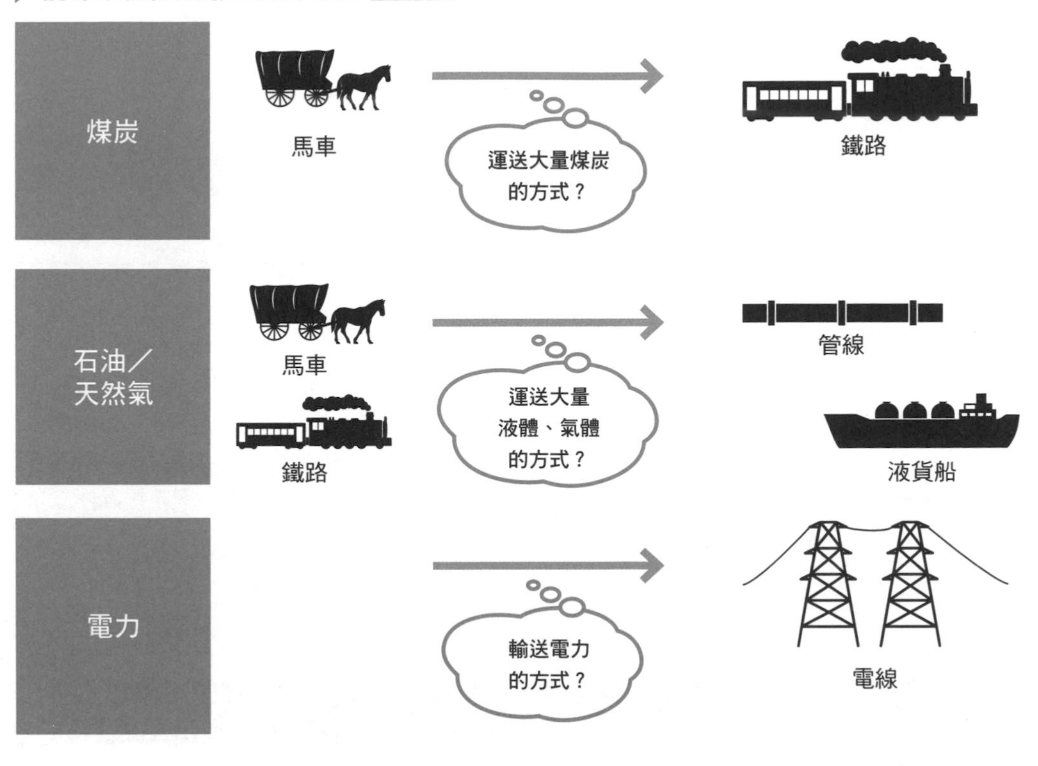

能源系統的變化其實並沒有那麼順利，而是經歷了多次的試驗與失敗。以在美國的狀況為例，石油輸送管線的建造使得馬車業者失去了工作機會，他們因而展開破壞管線等阻礙活動。

歷經數十年的重大變化

為了讓電力成為主要的再生能源，以及為了利用新燃料如氫氣、氨氣等，必須對能源系統進行改變。

這種變革需要花費 20、30 年的時間。從家庭等級的基礎設施升級到國家級水準，必須進行大量工程及機器更新，這需要好幾年的時間。同樣，制度的變革也是必要的，因為能源是所有社會活動的基礎，所以進行這樣的變革需要耗費幾年的時間來深入討論。儘管改變並非一朝一夕就能完成，但透過觀察 10 年的變化，就可以發現確實有明顯的改變。

改變能源系統需要大量的投資及制度變更，因此受到影響的商業規模也相當大。

重點　能源系統的制度改革

為了因應時代的變遷，我們需要從修改法律及社會制度開始。在日本國內，制度改革正在積極進行。過去，我們對能源事業制定了許多規定與限制，而且初期投資負擔沉重，使得新加入組織或公司較少，參與者也趨於固定。因此，為了吸引更多企業參與並建立一個健康的競爭環境，以提高能源系統的效率為目標，我們進行了制度改革。2016 年度電力零售全面自由化帶來的影響仍在持續，任何人都可以自由選擇電力公司，這有助於脫碳化的發展。而 2020 年度的輸配電業分離和 2022 年度天然氣導管分離的措施，旨在將過去電力公司與天然氣公司擁有的配送設施和管線分離出來，轉交給其他的事業主體（圖表 44-3）。這樣做是為了避免因優先輸送自家公司發電的電力或獨占天然氣而對其他公司造成不利影響，同時提高中立性與透明性。

▶電力、天然氣、熱能等能源系統制度改革 圖表 44-3

（年度）

編注：台灣於 2017 年通過《電業法》修正案，將逐步完成發電、輸電、配電、售電分離，實現電業改革。
2019 年修正《再生能源發展條例》，用電大戶要用綠電。2023 年修正《再生能源發展條例》，鬆綁地熱發展，設置「地熱專章」，加速能源轉型

Lesson 〔電力基礎建設〕

45

電力基礎設施的變化

本課要點

要實現脫碳社會，再生能源電力的使用需更加普及，其中存在有許多挑戰與問題待解決。我們將從 3 個課題來說明電力基礎建設正在發生哪些變化。

課題①時間的差距

所謂時間的差距，是指電力供應無法與實際需求時間配合。例如當再生能源如太陽能及風力因天候因素發生變化，進而影響發電量，無法配合發電需求（圖表 45-1）。這種時候就需要進行電力供需的調整。簡而言之，我們必須不斷調整電力供需，包含除了再生能源以外的其他發電方式。如果未能保持平衡，電流頻率將偏離正常值。當偏離超過一定程度，電力系統相關的發電機將停止運轉，引起大規模停電。

▶ 太陽能發電、風力發電的電力供應（發電）與需求 圖表 45-1

供給量與需求量無法配合
太陽能發電、風力發電的比例越高，對整體電力供需平衡的影響就越大

NEXT PAGE →

▶ 北海道胆振東部地震發生時造成全區停電（BLACKOUT）狀況圖 圖表 45-2

資料來源：資源能源廳「日本首次的“BLACKOUT”，那時究竟發生了什麼事」
https://www/enecho.meti.go.jp/about/special/johoteikyo/blackout.html

2018 年 9 月，北海道胆振東部地震造成部分火力、電力、水力發電廠停止運作，導致電力供需失衡，致使整個北海道發生停電。這次事件讓人們了解到：供需失衡可能引起大規模停電。

○ 改變方向①因應時間差距

針對時間差距這個課題，除了調節火力發電廠的發電量和透過地區間輸電系統與其他地區交流之外，還有儲存電力及實施用電尖峰時間挪移等應對方法（圖表 45-3）。儲存電力的方式包括抽水蓄能廠將水從下池抽到上池（等於蓄電）、在蓄電池蓄電（請見 Lesson 49）以及將剩餘電力轉換成氫氣（請見 Lesson 39）等。而錯開用電需求的方法，則是刻意讓用戶端在用電時間上有所差異，以調整需求（DR，請見 Lesson 50）。

▶ 應對電力供需時間差的主要方法 圖表 45-3

火力發電廠的發電量調整	・電力短缺時增加發電量 ・電力過剩時減少發電量
與其他地區的電力交流	・電力短缺時接受從其他地區傳輸的電力 ・電力過剩時，向其他地區輸送電力
儲存電力／釋放電力	・利用抽蓄水力儲能電廠 ・使用蓄水池（請見 Lesson 49） ・轉換成氫氣（請見 Lesson 39）
錯開用電尖峰時間	・DR（請見 Lesson 50）

如果連以上方法都難以應對的話，就需要考慮限制再生能源的發電量，例如九州電力等公司實施的再生能源限制措施。

課題②空間差距

空間差距指的是發電適合地點與電力需求地點之間的距離很遠。太陽能發電和風力發電通常需要寬廣的土地、充足的日照和風力等條件。在日本，適合進行這些發電方式的地點主要分布在北海道、東北及九州，而這些地區與電力需求量大的東京、大阪、名古屋等地的距離相當遙遠。因此，確保從電力供應地點到需求地點的電力輸送成為一個重要課題，其中包括輸電線路的容量問題。

▶ 日本引進離岸風力發電的展望 圖表 45-4

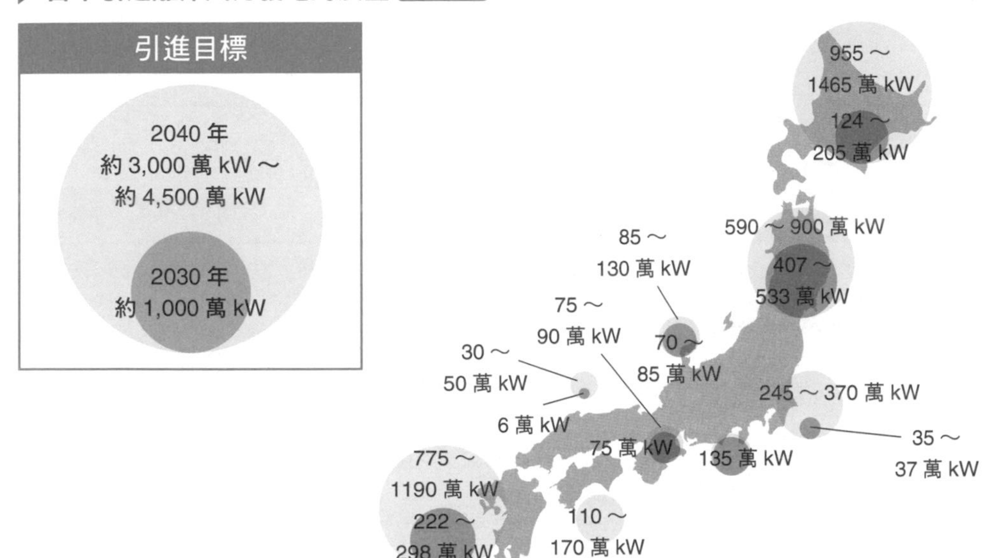

如何將電源從供應地點輸送至需求地點是我們需要探討的議題

資料來源：加強海洋風力的產業競爭力之官民協議會「海洋風力產業願景（第 1 次）」

改變方向②因應空間差距

針對空間差距這個問題，日本目前正在進行輸電線路的強化與新建。其中一個代表性案例是加強北海道和本州之間的北本輸電線路。另外，還有更大規模的計畫，即在北海道建立輸電管線，連接新潟、福島與首都圈。新潟、福島與首都圈之間原本已有用於輸送核電的大容量輸電線路（圖表 45-5）。

然而，輸電線路的強化與新建最起碼需要 10 年的時間，而且至少要投入 1000 億日圓的大型工程成本。因此，除了這些工程外，日本也正積極增加不需要花費太多時間和成本的再生能源電力，並想辦法提升運用效率。當輸電容量不足時，可能需要實施限電，但在輸電容量充足時，就可利用「非固定型接續電力系統」等方法進行電力輸送（圖表 45-6）。

▶ 電力系統設置總體計畫審查委員會分析結果範例 圖表 45-5

	增強設備	工程概要	工程費用預估
1	新建北海道～東京的管線	北海道～東京 800 萬 kW	1.5~2.2 兆日圓
2	東北和東京間的運轉容量措施	（電源設置地點確定後才進一步詳細討論）	7,000 ～ 8,100 億日圓
3	強化東京地區	確保輸電容量的措施	3,800 ～ 5,300 億日圓
4	加強九州～中國的管線	278 → 556 萬 kW	3,600 億日圓
5	新建九州～四國的管線	280 萬 kW	5,800 ～ 6,400 億日圓
6	加強四國～關西的管線	140 → 280 萬 kW	1,300 億日圓
7	強化中國區域	關西、中國間的運用容量擴大 421 → 556 萬 kW	1,000 億日圓
8	強化中部地區	新建中部地區和關西之間的第 2 條輸電線路 建構中部地區交流圈	500 億日圓
合計			3.8 ～ 4.8 兆日圓

偏壓設定（45GW）的個案研究結果（再生能源比例 42%）根據書面檢討的初步估算值，經過調查及詳細討論，工程費用可能會有變動

資料來源：電力廣域營運推廣機構「基本計畫檢討有關之中間整理」(2021 年 5 月 20 日)

▶ 非固定型接續電力系統 圖表 45-6

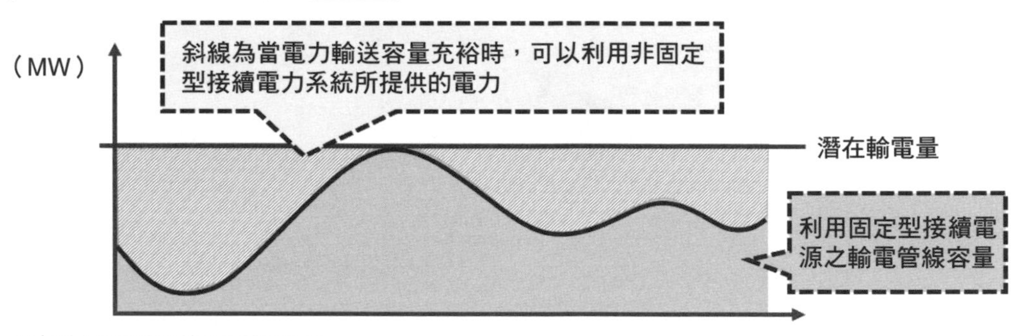

固定型：預先確保輸送的電力容量
非固定型：無法預先確保輸送的電力容量，在電力需求較低時輸送電力

資料來源：資源能源廳「為增加再生能源，改變與「系統」連接的方法」
https://www.enecho.meti.go.jp/about/special/johoteikyo/non_firm.html

○ 課題③成本

成本增加也是一項課題，包括直接成本和間接成本的增加。

直接成本增加是因為想要引進條件較好但成本更高的方案，而放棄了條件較差但成本更低的提案。如此一來，將使引進再生能源的成本升高，從而降低了收益性。

間接成本的增加，也稱為整合成本（請見P151），這是為了維護持電力系統而額外增加的成本，相當於應對課題①及②所產生的成本。

◯ 改變方向③因應成本問題

在成本方面，主要是朝著減輕制度運作所帶來的負擔以及公平調節的方向來思考。引進再生能源的成本會透過再生能源附加費（請見 Lesson 30）平均分攤給電力使用者。而整合成本則是透過市場機制，如容量市場，轉嫁給電力零售業者，最終轉嫁給電力使用者，即消費者。但需要注意的是，這些措施僅是為了減輕負擔與實現公平調節，並非降低成本的解決方法。

想要降低成本，就必須著手提高再生能源設備及電力系統的效率，並強化生產技術以降低設備成本。

▶ 固定價格收購制度的附加費負擔變化 圖表 45-7

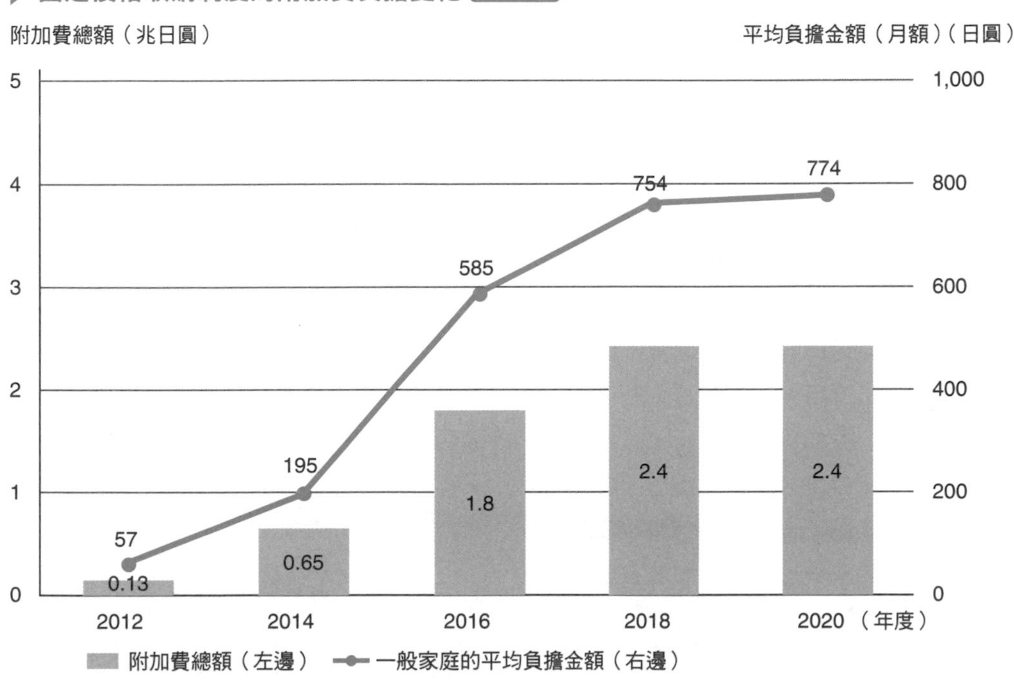

平均負擔金額是基於每個月用電量為 260kWh 時來計算的

資料來源：資源能源廳「日本能源 2020」

重點 整合成本

大約從 2021 年起，「整合成本」一詞被廣泛使用。根據日本經濟產業省的解釋，整合成本指的是「當各種電源增加一定程度的產量時，整個電力系統所產生的成本」。其內容的分類如下：

①與火力發電等相關的調節費用

②地區間輸電系統等的升級費用

③其他費用

也可說是①因應時間差距所產生的成本，以及②因應空間差距所產生的成本。

Lesson 46 〔天然氣基礎設施〕

家用天然氣、液化石油氣和氫氣基礎設施的變化

本課要點

如同電力，天然氣也是我們熟悉的能源之一，其中包括家用天然氣、液化石油氣。天然氣通常用於燃燒產生熱能，因此我們需要思考如何進行脫碳化，以減少其對環境的影響。你能想像天然氣在未來的發展方向嗎？

家用天然氣的未來

商業活動的進行必須依賴能源，尤其對製造業而言，加工和乾燥過程都需要大量的熱能。此外，在日常生活中，家庭與企業烹調時和暖氣供應也都需要熱能。因此，氣體型能源如家用天然氣和液化石油氣仍扮演著相當重要的角色。然而，這些氣體能源在燃燒時會釋放二氧化碳，因此氣體能源的碳中和成為一個非常重要的課題。

就家用天然氣來說，一般社團法人日本天然氣協會在 2020 年 11 月發表了「挑戰 2050 淨零排放」報告（圖表 46-1）。雖然這僅僅是一個例子，但該報告提出了一個願景，希望在 2050 年實現淨零排放目標，方法是將碳中和甲烷（透過氫氣與二氧化碳合成的甲烷，考慮到碳中和效應）、氫氣和氣態生質能分開使用，以推動家用天然氣向脫碳化前進。

▶ 家用天然氣未來預想 圖表 46-1

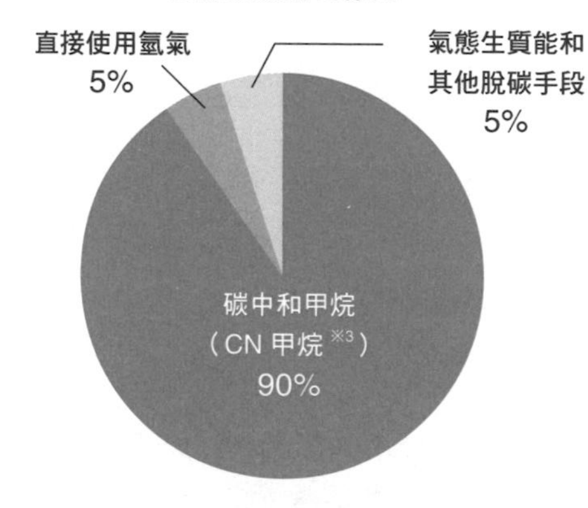

- CCU/CCS
- 碳中和液化天然氣（CNL）※1
- 海外貢獻、DACCS※2、植林

・圖表中的數值代表革新順利進行時所能到達的目標

・政策影響氫氣與二氧化碳等的使用，這種影響取決於其在經濟和物理上的可行性

※1 CNL 是一種特殊類型的液化天然氣，從生產到使用過程中產生的溫室氣體排放量被認為與透過森林再生計畫所減少的二氧化碳相互抵銷

※2 DACCS，即 Direct Air Carbon Capture and Storage 的縮寫，意旨直接空氣補捉封存技術

※3 CN 甲烷是指由脫碳製造的氫氣及二氧化碳所合成的甲烷

資料來源：一般社團法人日本天然氣協會「挑戰 2050 淨零排放」

液化石油氣的未來

關於液化石油氣，日本於 2021 年 10 月設立了一般社團法人日本綠色液化石油氣推廣協會，旨在推動液化石油氣的低碳化（圖表 46-2）。

實現低碳化的關鍵在於利用以氫氣與二氧化碳合成的液化石油氣，以及利用氣態生質能合成液化石油氣。

▶ 液化石油氣未來預想 圖表 46-2

液化石油氣產業的碳中和化

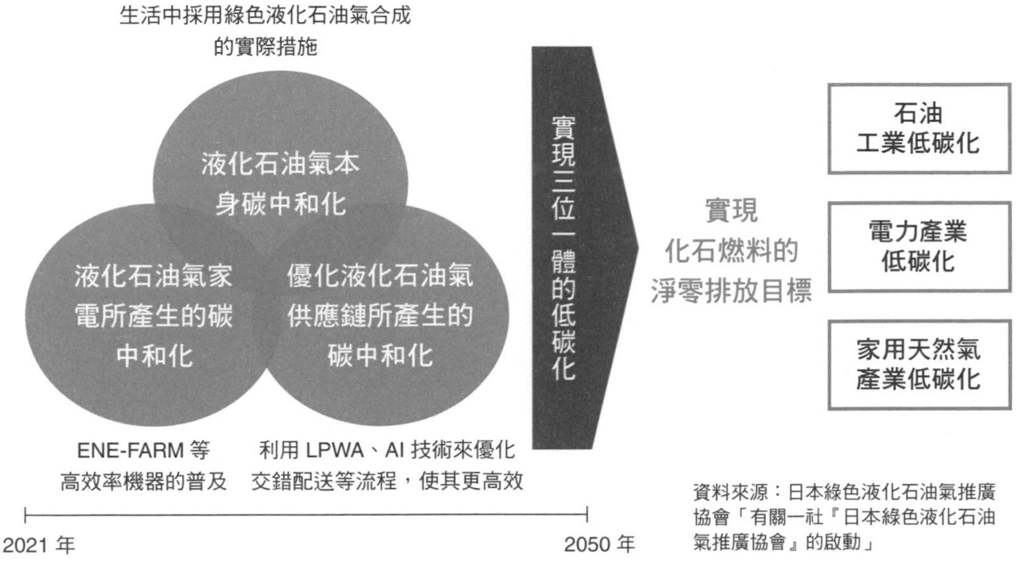

資料來源：日本綠色液化石油氣推廣協會「有關一社『日本綠色液化石油氣推廣協會』的啟動」

合成天然氣的未來

無論家用天然氣產業還是液化石油氣產業，人們對於合成天然氣（合成甲烷和合成液化石油氣）都抱持著相當高的期待。這些合成天然氣通常是透過氫氣與二氧化碳產生反應後所產生的。

然而，如果按照平常方式將合成天然氣用於燃燒，將會再次釋放二氧化碳，這一點需要特別注意。如果合成時所使用的二氧化碳來自生物質能或直接從空氣中捕獲捉（Direct Air Capture，簡稱 DAC）的話，則可以達成碳中和的效果。但如果二氧化碳來自於化石燃料（例如從發電廠、鋼鐵廠、水泥廠等處回收的二氧化碳），則稱不上是完全的碳中和。這時，二氧化碳的歸屬責任便成為了一個問題。

國內也開始討論起二氧化碳責任問題，我相信遲早會訂出相應的政策。總的來說，合成天然氣是減少二氧化碳排放的有效手段，但如果合成時所使用的二氧化碳來自於化石燃料，就不能說有達到零排放的目標，這一點務必留意。

氫氣基礎設施的未來

正如前面所述，氫氣在使用階段不會釋放二氧化碳，且根據製造方法的不同，有可能製造出綠氫，即在製造過程中也不會釋放二氧化碳。與此同時，歐洲正在討論是否設置一個類似於家用天然氣網路的氫能網路，而多家大型天然氣公司與營運商也共同提出架設氫氣網絡的倡議（圖表 46-3）。

雖然目前日本並沒有像歐洲那樣採取大規模行動，但未來可能也考慮建立一個不會釋放二氧化碳的氫能網路。第 152 頁提及日本天然氣協會的「挑戰 2050 淨零排放」報告，其中就提到了氫能網路的可能性。然而，如 Lesson 44 所述，新基礎設施的建立最起碼需要 10 ～ 20 年的時間，因此我們要持續關注國外的發展趨勢，並就如何改變基礎設施達成共識。

Lesson 〔供熱基礎設施〕

47

供熱基礎設施的變化

本課要點

所謂的供熱基礎設施，指的是將在特定地點製造的熱能運送至鄰近建築物的所有設備。本 Lesson 要介紹區域供熱的實際案例，同時討論當無法實現區域供熱時，我們該如何有效利用這些熱能。

熱能輸送

在設計能源系統時，我們不僅需要考慮電力和燃料，也要重視熱能的輸送傳輸。例如，通常我們會在家庭及辦公室使用暖爐取暖，但是由於熱能會散失，因此只有在暖爐附近才能感受到溫暖，離得遠一點就會感受不到。像這種各自發熱卻又讓熱散失的使用方式，會造成大量能源浪費。

▶ 熱能發散示意圖 圖表 47-1

必須減少熱能的浪費

○ 區域供熱

將熱源設備集中管理，透過熱導管把蒸氣、溫水或冷水從熱源供應中心運送至某一特定地區範圍內的建築物（圖表 47-2），提高能源供應效率的方法，就是區域供熱（亦或是區域冷暖供應）。這種方式和下一個 Lesson 將要介紹的「分散化」恰好相反，分散化是為了要修正效率低下而提出的另一種方法。

區域供熱的成本效益與熱能輸送距離有關，距離越短效益越高，反之則效益越低。因此，區域供熱系統通常適用於熱需求量較高的都市中心。

然而，在都市中鋪設熱導管也面臨一定的困難，尤其是在現有的街道區域，鋪設工程成本相當高。此外，如果鋪設範圍過小，將難以實現效益。因此我們期待中央政府和地方政府能積極參與，提出相應的政策，而不僅僅是由民間單位來推動這一項目。

▶ 區域供熱（區域冷暖供應）示意圖 圖表 47-2

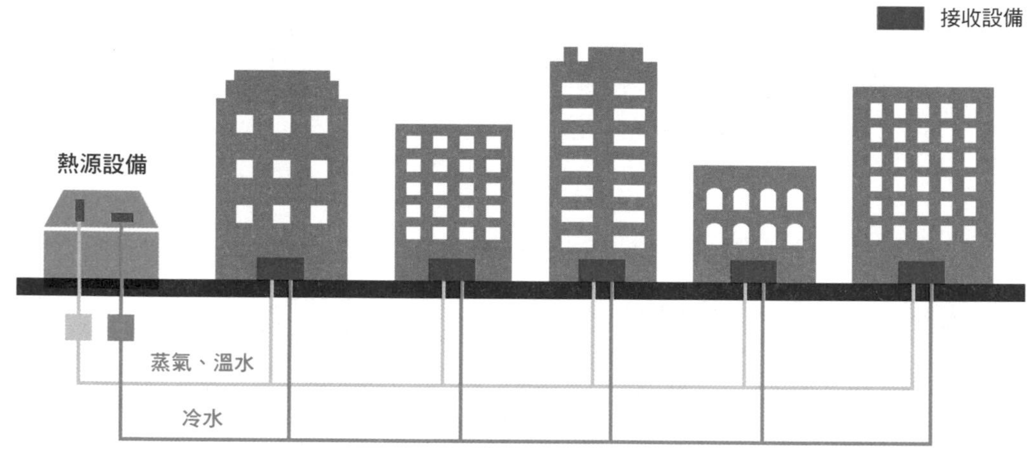

▶ 區域供熱實例 圖表 47-3

資源能源廳「歡迎來到區域供熱虛擬工廠參觀！」
https://chiikinetsu.heteml.net

丸之內一丁目 (東京都)

清原工業園區 (栃木縣)

資料來源：一般社團法人日本熱供應事業協會「熱供應事業的導入事例」
https://www.jdhc.or.jp/category/area/

無法利用區域供熱時

雖然我們希望區域供熱的案例能夠增加，但目前可參考的實例仍然有限。若要有效利用熱能，我們應該思考除了區域供熱之外還有什麼其他方法。

首先，我們可以期待當地太陽能及地熱能的應用，無須額外的能源運輸（請見 Lesson 43）。此外，有時我們也可以利用周遭收集到的生物質能。

然而，單靠這些熱能是不夠的，這就是為什麼我們現在仍然需要使用化石燃料來提供熱源。想要減少對化石燃料熱源的依賴，其中一種方法就是透過電力來產生熱能（請見 Lesson 34）。未來，或許還會有來自氫氣的熱源（請見 Lesson 46）。

此外，還有一件重要的事情，那就是如何減少產生後立即散失的一次性熱能，也就是未被利用的熱能。我們需要尋找方法有效地利用這些可能會被浪費的熱能。

有效使用未被利用熱的做法

首先，我們希望能夠充分利用像熱電共生系統這樣的排熱利用系統（請見 Lesson 22），這些系統可以在現場提供暖氣和熱水。

然而，即便使用了這些系統，仍然會有多餘的熱需要處理。在這種情況下，我們需要考慮把多餘的熱能運送到其他地方去，如圖表 47-3所示。事實上，能夠利用熱導管的案例並不多見。當無法使用熱導管時，我們可以利用蓄熱材料來儲存熱能，再透過卡車等方式進行運輸。這樣的做法已開始實施，不過實際上由於運輸能源密度比化石燃料低，在成本上相當不划算。然而，如果我們不善加使用未被利用的熱能，那麼實現淨零排放的目標就會變得非常困難。

▶ 實現脫碳的電力與熱能利用流程 圖表 47-4

	製造	儲存	運輸
電力	・再生能源 ・核能 ・化石燃料（發電時利用 CCS 技術）	・蓄電池 ・抽蓄發電 ・其他（超導儲能、壓縮空氣儲能等）	・配電網路
熱能	・太陽能等再生能源熱能 ・未利用熱能 ・生物質能 ・氫氣、氨氣 ・合成燃料 ・化石燃料（使用時利用 CCS 技術）	・使用蓄熱材料的蓄熱系統（包含熱水儲存槽等） （・木屑等） （・氫氣、氨氣） （・合成燃料） （・化石燃料）	・熱導管 ・蓄熱材料的卡車運輸 ・木屑的卡車運輸 ・天然氣導管、瓦斯罐、油罐車等

Lesson 48
〔基礎建設的整體變革〕

能源系統整體的分散化和數位化

本課要點

能源系統的整體變革包括分散化及數位化。這些變化與脫碳化息息相關，為了加速脫碳進程，事先了解分散化、數位化變得至關重要。

「分散化」

過去，我們偏好進口大量液化天然氣，再把它運送到需要的地方；或者建立大型集中式能源系統，例如核能發電廠。這些大型發電廠能夠大量生產電力，然後把電力輸送到各個地方。這個系統的特點是能源集中在一個或數個地方，並且能源輸送的距離較長。

而今，能源系統逐漸轉向分散式，其特點是將能源分散到各個地方，且能源輸送距離較短。在這種系統下，能源貯藏也是分散的，包括小規模蓄電池、氫氣貯藏設施等設備的需求逐漸增加。同時，我們也需要在地區內進行零碎能源的供需調節（圖表 48-1）。

▶ 分散型能源利用 圖表 48-1

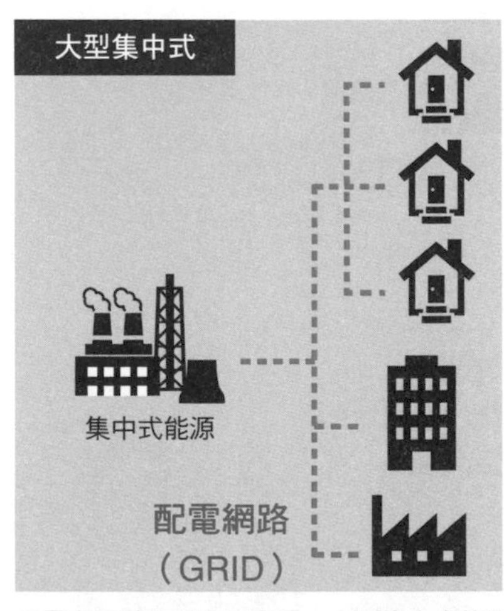

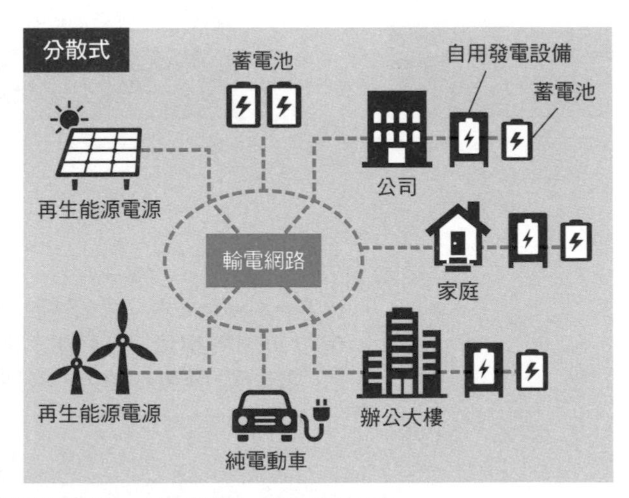

以電力系統為例的示意圖。大型集中式能源系統不會消失，而是與分散式能源系統共存

○「數位化」

數位化是另一個重大的變革，社會各領域都朝向數位化發展，能源領域當然也不例外。

數位化指的是將傳統的類比系統轉換為數位化。這種轉變帶來的效率提升、自動化和節省人力是非常值得期待的。數位化的核心是收集和利用能源數據，透過智慧電表等技術的普及，能夠更詳細、更有效率地收集電力等能源數據，從而擴大其應用範圍。我們期待會出現更多利用這些數據的方法（圖表 48-2）。

▶ 電力數據可帶來的服務範例 圖表 48-2

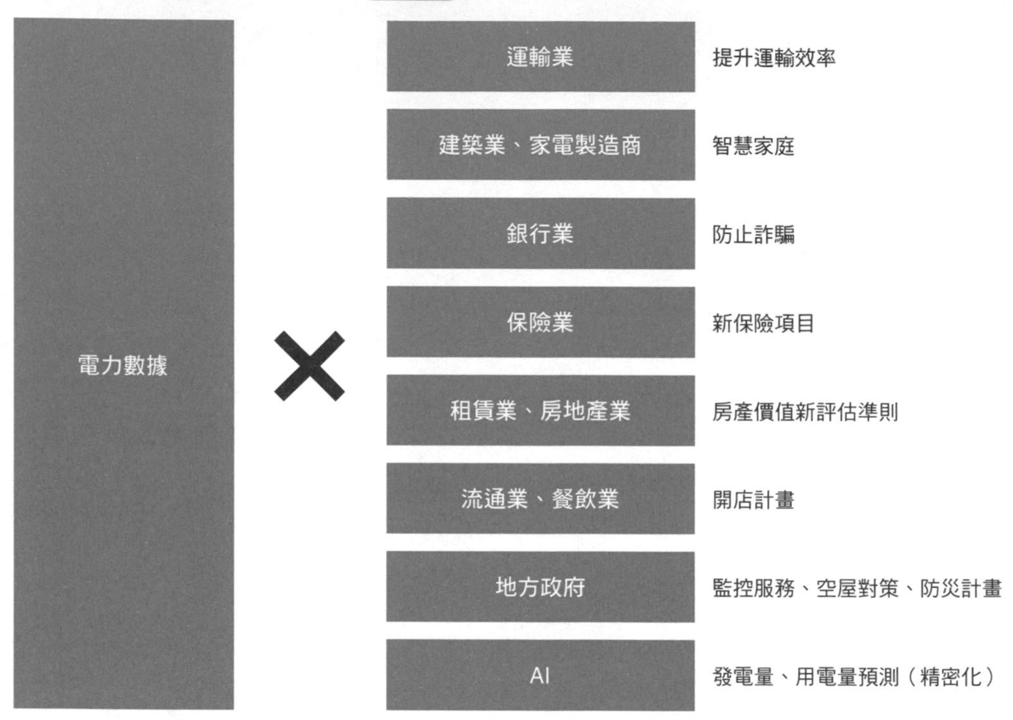

資料來源：資源能源廳「2019 年，從實際狀況觀察到電力領域的數位化 3~ 電力數據篇」

在下一 Lesson 中，我們將說明蓄電池、DR、VPP 的作用。它們在脫碳化、分散化、數位化的能源系統中變得越來越重要。

Lesson 49 〔關鍵技術①〕

蓄電池的作用

本課要點

蓄電池做為緊急電源至為關鍵。而近來，其使用方式更為多樣化，例如可以將白天剩餘的電力儲存在電池中，然後在晚上使用，以此方式有效利用能源。

○ 儲存白天剩餘的再生能源電力，傍晚再利用

白天的生產活動蓬勃，需要較多電力，電力公司會透過水力、地熱和核能發電調節基本負載，然後再以火力發電、抽蓄發電等方式調節電力輸出。近年來，太陽能發電量增加，部分電力可以用來減少火力發電，以調節電力輸出。不過有時也會碰到太陽能發電量過多，導致部分電力用不完的情形。另外也會發生，傍晚至夜間這段無法依靠太陽能發電的期間，用電需求卻增加，因而出現供需不平衡的情況。此時，火力發電等調節電源就需發揮最大產量，以提供電力（圖表 49-1）。

然而，基本上要讓火力發電設備在白天幾乎不發電，只有在傍晚至夜間的數個小時充分運轉是不太可能的。因此在傍晚至夜間的這段期間，需要其他穩定的電力供應方式。

其中一個解決方法，是將白天太陽能發電所產生的多餘電力儲存在蓄電池中，傍晚之後再使用。這個利用時間移位方式的電力供應系統目前正在實際驗證中，值得期待。

▶ 一天中電力供需情況範例 圖表 49-1

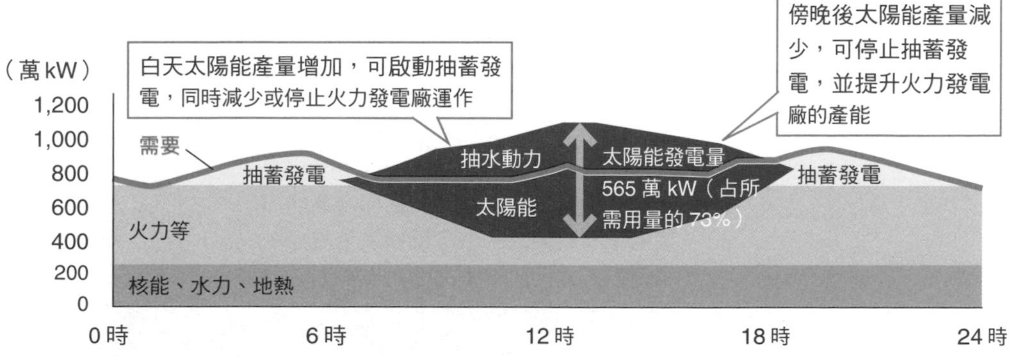

資料來源：九州電力「2017 年度經營計畫的概要（詳細版）」

從用途選擇適合的電池種類

過去，日本通信局和工廠、辦公大樓等機構都會安裝定置型蓄電池系統做為備用電源，例如在自然災害造成停電時，蓄電池系統所提供的電力可以維持運作，因此企業逐漸將其納入營運持續計畫（Business Continuity Planning，簡稱 BCP）中。同樣的，最近新建住宅也開始引進太陽能發電與蓄電池系統。

目前定置型蓄電池系統有多種類型，可根據需求和容量進行選擇（圖表 49-2）。過去，有很多人使用鉛蓄電池，但由於其容量小且重量大，加上會對環境造成負擔，因此人們選擇的意願逐漸降低。近年來，鋰離子電池的應用增加，從家庭使用的小型電池到適合企業及地方政府的大容量型號都有，並且逐漸普及。此外還有一些大容量蓄電池的應用，例如用於調節電力公司輸出和大型再生能源發電廠等的鈉硫電池（NAS）和氧化還原液流電池（Redox Flow Battery）。

▶ 蓄電池種類及特性對照表 圖表 49-2

蓄電池種類	鉛蓄電池	鋰離子電池	鈉硫電池	氧化還原液流電池
蓄電池的適用範圍	小～中型規模	小～大型規模	中～大型規模	大型規模
主要用途	・UPS ・基地台備用電池 ・用於再生能源貯藏	・UPS ・基地台備用電池 ・緊急供電系統 ・使用者削峰填谷／負荷平準化 ・用於再生能源貯藏	・穩定電力系統 ・使用者削峰填谷／負荷平準化 ・用於大規模再生能源貯藏	・穩定電力系統 ・用於大規模再生能源貯藏
尺寸是否小巧	○	◎	○	△
成本	便宜	昂貴	相對昂貴	相對昂貴
壽命	△	○～◎（依產品而定）	○	◎

為了充分利用再生能源，選擇合適的蓄電池是必須的。您可根據電量需求及使用方式來選擇蓄電池的種類。

未來，我們將經常看到再生能源和蓄電池系統的應用

目前，儲存於定置型蓄電池中的電力通常只用於自家使用。而企業則將太陽能發電等再生能源所產生的電力儲存於蓄電池中，以供應公司夜間的電力需求。

未來，蓄電池系統的應用將進一步擴展，再生能源及蓄電池系統（圖表 49-3）將在生活中越來越普及。例如，可以將再生能源發電的電力在地區間進行分享。這意味著太陽能發電等電力暫存在蓄電池系統中，在需要時可以與外部電力系統（輸電網路）連結，以提供地區內的電力需求。由於人們對蓄電池系統的需求增加，目前正在積極進行實際的驗證和應用。

蓄電池的未來展望 圖表 49-3

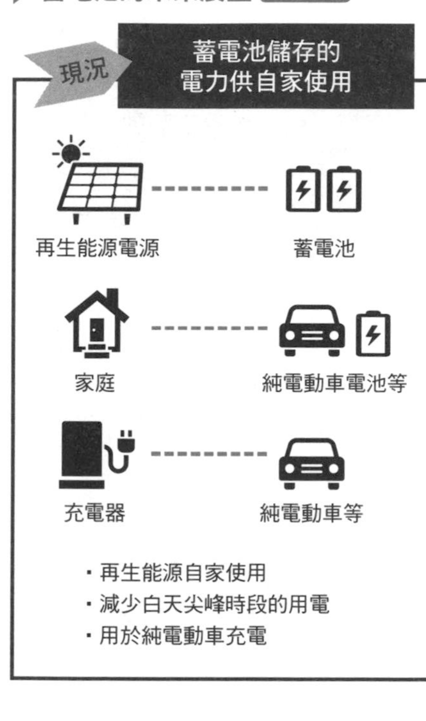

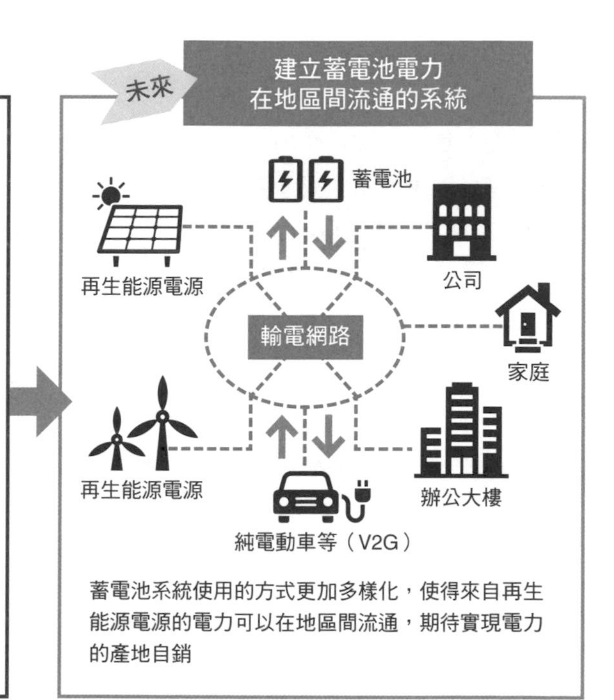

要實現再生能源電力「產地自銷」，就必須充分利用蓄電池系統！

透過純電動車為城市供電（VtoG）

最近日本開始討論將純電動車及插電式動力混合車的電池用於街道上的電力供應。因為國內純電動車和插電式動力混合車的銷量已超過 20 萬輛，這也意味著街上會有相當數量的蓄電池在移動。將純電動車的車載電池逆向使用，把儲存的電力提供給電力系統的技術稱為 Vehicle to Grid（VtoG），已有部分配備此技術的純電動車開始上市。目前關西電力開始實際測試透過網路控制停車中的純電動車充電及放電。

純電動車廢電池可再利用做為定置型蓄電池

隨著純電動車和插電式動力混合車逐漸普及，大量報廢車輛的問題將慢慢浮現。為因應未來挑戰，全球已開始討論如何再次利用純電動車／插電式動力混合車所使用的鋰離子電池，用做定置型蓄電池。日本的日產汽車自從推出純電動車 LEAF 以來，一直關注這個問題，甚至成立了名為「4R Energy」的公司。該公司從報廢的純電動車中取出鋰離子電池，檢查其性能，將符合條件的電池重新利用。同時，他們也開始將再生產的鋰離子電池應用於大容量蓄電池系統。做為實證實驗的一部分，他們也在全日本進行電力穩定服務，希望在電池再利用的同時，也能促進再生能源的有效運用。

將純電動車廢電池再次利用於定置型蓄電池，可延長其使用壽命。

Lesson 50 〔關鍵技術②〕

需量反應（DR）的作用

本課要點

將各能源需求加總後，就可透過需求的波動來調節電力需求。接下來我們將說明追求需量反應的理由以及預期的效益。

根據需求供應

能源基礎設施的建立基本上是為了應對不斷增加的能源需求。當需要增加電力供應時，就會準備相應的發電設備，並架設適合輸送電力的配電網路。額外增加的成本，在日本會以《投資報酬率管制法》所規定的電費情形收取。

這種供應方的萬全準備，讓日本能實現穩定的電力供應，很少出現停電情況。但即便如此，還是發生了電力大量不足的狀況。例如，在 2011 年的 311 東日本大地震和核能發電廠事故中，東京電力管轄範圍內的預設電力需求量減少了 1,000 萬 kW。因此，震災發生後的第一個工作天，即 3 月 14 日之後的 10 天，針對約 7,000 萬電力用戶實施了限電措施。在這個時期，包括東京電力在內的電力供應業者不再根據需求供應電力，而是根據供應量調節需求（圖表 50-1）。在 2011 年的夏季和冬季，因為擔心電力供應不足，電力供應業者們向各地提出了節約用電的要求。這是因為在廢除核能發電後，甚至連滿足需求的電力供應量都難以確保，因此不得不提出減少需求的要求。

▶ 供需平衡 圖表 50-1

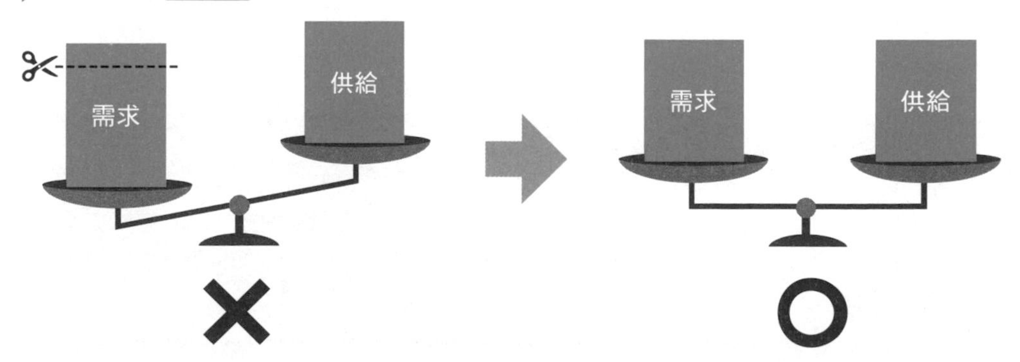

何謂「需量反應」？

然而，限電措施和節約用電請求會對商業活動及社會生活造成困擾。因此我們希望找到一個不會對商業活動及社會生活造成困擾，同時能建立供需平衡的方法。其中一個備受注目且實際應用的方式是「需量反應」。

需量反應（Demand Response，以下簡稱DR）是由能源資源的擁有者來調節這些資源的使用狀況，包括蓄電池、冷氣機、熱水器等。DR 包括減少需求（抑制）即「降低 DR」，以及增加需求（創造）即「提升 DR」兩個面向。

減少尖峰用電以及有效的調節力

配合需求供應的優點不僅在於應對突然的電力不足情況，還能解決其他問題，例如減少設備長時間低負載運轉的狀況。

電力需求會隨著季節、工作日、假日、氣溫和天氣的變化而變化。雖然我們通常會準備一些待命的發電設備以對應一年中電力需求量最高的時期，但這些設備可能會長時間處於閒置狀態，導致效率低下。有時候，為了降低高峰期的電力需求，減少用電反而是比較有效的做法，因此能夠彈性調整用電的用戶顯得尤為重要。這些用戶通常會為了獲得相應的報酬而減少電力需求，這也有助於實現DR的優勢（圖表 50-2）。

此外，DR 還具有提供調節力的功能，這對於需要經常維持一定發電量與需求量的電力系統來說至關重要。調節力指的是在短時間內調節供需的能力。因此，實施 DR 的一方會獲得相應的報酬，做為回應節約用電要求的交換條件。

▶ DR 的優勢 圖表 50-2

因應電力不足	降低瞬間功率	提供調節力

重點　降低 DR 與提升 DR

回應節約用電的請求是降低 DR，而提升 DR 則是指採取行動以增加電力需求，例如讓原本在夜間運轉的電熱水器和洗衣機在白天運轉，這就是增加白天的電力需求。通常需要提升 DR 的情況是在太陽能發電廠能夠大量發電的白天。

Lesson 51

〔關鍵技術③〕

虛擬電廠（VPP）的作用

本課要點

接下來我們要說明對虛擬電廠功能的期待。將分散的能源資源整合起來，就能發揮類似一座發電廠的作用。虛擬電廠的主要組合部分是電力機器，但其他如天然氣發電機等氣體機器也能成為虛擬電廠的一部分。

何謂虛擬電廠？

虛擬電廠（Virtual Power Plant，以下簡稱 VPP）是一種服務，它將分散式能源資源（DER）進行整合管理。這些分散式能源資源包括太陽能發電、蓄電池、熱水器、電動車等各種設備。VPP 將 DER 整合起來，形成類似於傳統發電廠的集中供電系統（圖表 51-1）。VPP 的特點在於，它不只能控制發電方的發電量，還能調節需求方的用電量，以實現供需平衡。透過向各個 DER 下達指令，例如要求增加輸出或減少輸出，再讓這些設備進行相應的運行調整，VPP 尤其適合運用在高科技技術領域，包括資訊科技、物聯網、人工智慧。這種服務，是在能源系統分散化和數位化的趨勢下必然的產物。

▶ VPP 電力產生方法 圖表 51-1

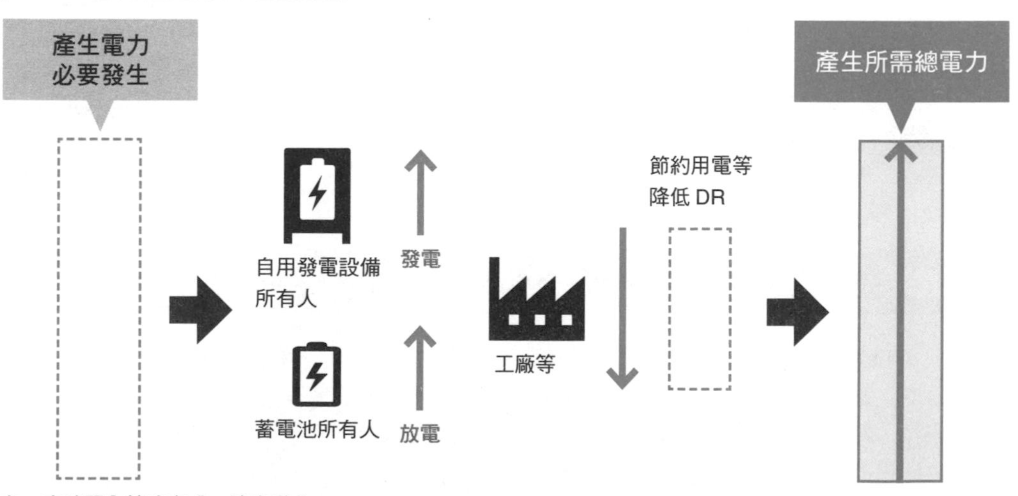

NEXT PAGE →

DR、VPP 的商業案例

為了進一步推動再生能源的使用，確保電力供需調節力至關重要（請見 Lesson 45）。因此，能夠提供調節力的 DR 和 VPP 備受關注。在日本國內，自 2021 年 4 月開始，電力供需調節市場交易已經啟動，且參加者數量逐漸增加。

能夠控制 VPP 的業者被稱為「聚合商（Aggregator）」。聚合商分成兩種類型：能夠整合 VPP 所有資源的負載集成調度商（Aggregation Coordinator，簡稱 AC），以及可以和需求者直接簽訂契約的能源聚合商（Resource Aggregator，簡稱 RA）（圖表 51-2）。一般企業和個人若想參與，可報名網路上的招募活動，只要條件符合就能加入（圖表 51-3）。然後遵循能源聚合商透過 RC 語音發出的指示行動，即可獲得報酬。

DR 與 VPP 的商業模式 圖表 51-2

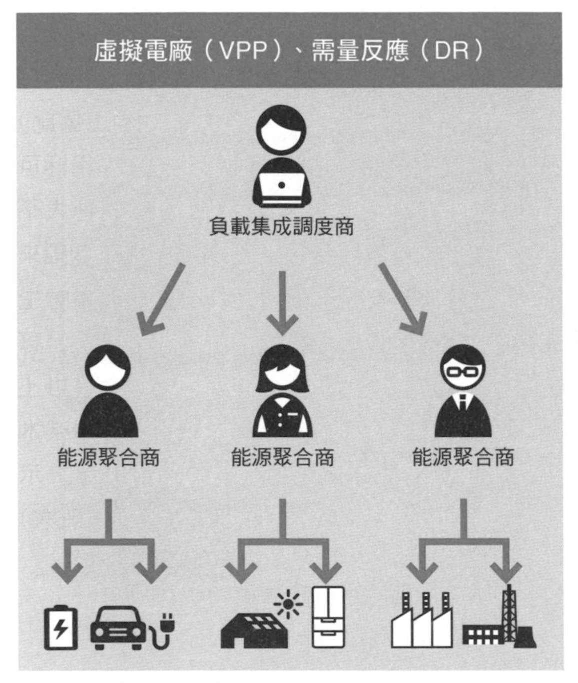

提供的服務
調節力
避免供需失衡
減少電費
避免電力輸出
被限制等

資料來源：資源能源廳「何謂 VPP、DR」

重點　VPP 的能源聚合商對純電動車電池有很高的期待

VPP 的能源聚合商最期待的是純電動車的電池。當車子停車時，如果它們的電池能放電，就可以向電力系統提供電力，反之，如果能夠蓄電，就可以吸收電力（請見 Lesson 49）。隨著純電動車數量的增加，預計它們將為電力系統的穩定性和效率做出貢獻，並為車主帶來利潤。

▶ 進行 VPP 事業的企業 Web 網頁 圖表 51-3

資料來源：關西電力 Web 網頁
https://www.kepco.co.jp/energy_supply/energy/vpp/vpp/index.html

資料來源：中國電力 Web 網頁
https://www.energia.co.jp/business/energyresource/

プレスリリース

「エネファームtype S」3,600台を活用したVPP実証事業への取り組み～「蓄電池等の分散型エネルギーリソースを活用した次世代技術構築実証事業」の開始～

PDFで見る

2021年7月21日
大阪ガス株式会社

大阪ガス株式会社(代表取締役社長：藤原　正隆)は、経済産業省が公募する「令和3年度 蓄電池等の分散型エネルギーリソース※1（以下、「DER」）を活用した次世代技術構築実証事業費補助金」※2のDERアグリゲーション実証事業※3に参画します。株式会社エナリス（代表取締役社長：都築　実宏）がコンソーシアムリーダーを務め、当社はリソースアグリゲーター※4としてお客さま宅の家庭用燃料電池エネファームtype S（以下、「エネファーム」）約3,600台（供出可能量※5合計で1メガワット（以下、「MW」））をエネルギーリソースとしたバーチャルパワープラント※6（以下、「VPP」）を構築し、系統需給調整やインバランス※7回避に活用するVPP実証事業を開始します。

太陽光発電や風力発電のような再生可能エネルギーは、日射量や風の強弱等により発電出力が変動します。高い省エネ性によりCO_2削減が実現できるエネファームtype Sは、発電出力を自由に制御できるという特徴があり、再生可能エネルギー大量導入社会における系統需給調整に貢献できるリソースとして注目されています。

資料來源：大阪天然氣新聞公告（2021 年 7 月 21 日）
https://www.osakagas.co.jp/company/press/pr2021/1296779_46443.html

由於各公司不是總在招募，所以考慮參加 VPP 時請務必確認最新資訊

專欄

第 6 次「能源基本計畫」

「能源基本計畫」是與日本能源供需及將來計畫有關的日本基本方針。通常，被視為國家重要政策的方針稱為「基本計畫」。令人意外的，「能源基本計畫」是近年才制定的，以 2002 年制定的《能源政策基本法》為基礎，在 2003 年完成首個基本計畫，之後每三至四年修訂一次。

最初，該計畫主要關注兼顧能源供需（尤其是能源安全）和環境保護，提出了「同時達成 3E」的理念，即確保穩定供應（Energy Security）、提升經濟效率（Economic Efficiency）、提高環保要求（Environment）。

在 2011 年 311 東日本大地震後，安全性（Safety）成為新增關注點，形成了「3E+S」的基本政策（第 4 次能源基本計畫，2014 年）。這一方針在第 5 次（2018 年）能源基本計畫也得到了延續。此外，第 5 次能源基本計畫還採用了實現 2050 年目標的方針。

在 2021 年 11 月公布的「第 6 次能源基本計畫」中，除了提出沿用 3E+S 的方針外，也同意日本政府提出的 2050 年淨零排放目標，以及修正 2030 年溫室氣體減排目標（從 2013 年的 26% 提升到 46%）。此外，該計畫還概述了 2030 年之前的能源結構和 2050 年的淨零排放路線。關於未來的能源結構及路線，目前存在著不同的觀點，但能源政策最重要的是必須反應最新的國際局勢和議論，以及國內外企業的實踐，並且隨時更新。總而言之，最重要的是考慮未來世代的生活，並根據日本實際經濟狀況進行討論。

能源基本計畫是日本能源和環境政策的核心。儘管有些人對其內容提出了模糊、欠缺積極性的批評，但建立能源基礎設施至少需要 10 年以上的時間，因此，進行討論並達成共識成為能源基本計畫中至關重要的一環。

Chapter 7

新植造林、森林保護、CCUS、碳交易

在最後的 Chapter，將介紹前面從未提及的方法。我們會針對二氧化碳吸收及捕捉以及碳交易進行說明。

52 二氧化碳吸收及捕捉

本課要點

為了實現碳中和，吸收及捕捉二氧化碳是很必要的。方法有兩種，其中一種是透過新植造林來擴大、維持碳匯；另一種是捕捉廢氣及大氣中的二氧化碳後，進行封存或再利用。

只要將二氧化碳固定在大氣之外就可以了嗎？

為了防止空氣中的二氧化碳增加，必須採取吸收或人為捕捉的措施，以避免二氧化碳釋放到大氣中。通常情況下，二氧化碳會轉化或固定為另一種含碳的物質。例如，森林（植物）會透過光合作用將吸收的二氧化碳轉化為有機物質，並在體內加以固定。

碳會儲存在許多不同的地方（圖表 52-1）。有好幾種方法能夠把碳封存在儲存場所（碳匯）中。

▶ 地球的碳儲存場所 圖表 52-1

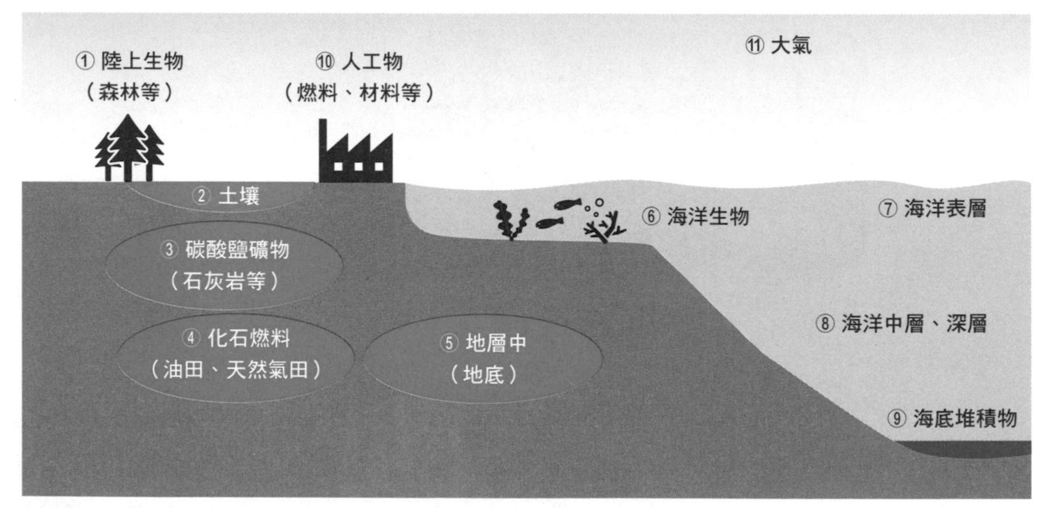

碳不僅以碳原子（C）及二氧化碳（CO_2）的形式存在，也會以有機化合物（$C_mH_{2n}O_n$ 等 ※m、n 為數字）、碳酸鈣（C_aCO_3 等）、溶於水的碳酸根離子（CO_3^{2}）、碳酸氫鹽（HCO_3）等多種形式存在

固定碳的方法

碳匯除了森林之外，還包括土壤、海洋生物及海洋。有一些方法能利用大自然的吸收能力，從大氣中吸收二氧化碳，並且把碳固定住（圖表 52-2）。而人為捕捉二氧化碳的技術，則按照二氧化碳捕捉後的處理方法分成兩種，一種是 CCS，將二氧化碳捕捉後封存（請見 Lesson 55）；另一種是 CCU，將二氧化碳捕捉後加以利用（請見 Lesson 56）。

▶ 固碳方法範例 圖表 52-2

方法	例子
吸收 CO_2（新植造林、森林保護等）	① 增加森林的吸收量（新植造林、森林保護） ② 增加土壤的碳固定量 ⑥ 增加海藻、紅樹林等的吸收量（藍碳）（枯死的藍碳會變成 ⑨ 的海底堆積物） ⑦ 提高海洋鹼度，增加溶於海水的 CO_2 吸收量（海洋鹼性化）
二氧化碳捕捉與封存（CCS）	④ 將 CO_2 灌入油田或天然氣田並隔離 ⑤ 將 CO_2 灌入地層中並隔離 ⑧ 將 CO_2 灌入海洋深處並隔離（海洋隔離）※
二氧化碳捕捉與利用（CCU）	③ 將捕捉的 CO_2 做為碳酸鹽礦物的材料使用 ⑩ 將捕捉的 CO_2 做為燃料及原材料來使用

※ 因為擔心會對環境造成影響，目前尚未被允許。但也有人期待能夠開放

表中的號碼與 圖表 52-1 的號碼相對應

在後面的 Lesson 也會說明，二氧化碳減排的效果根據碳能夠被固定的時間長短而有所不同。

重點　碳循環與火山爆發

碳透過大自然作用在地球上進行循環。堆積在海底的有機物及碳酸鹽，在板塊下沉過程中，會因為熱而被分解成二氧化碳，然後隨著火山爆發釋放到大氣中。
火山爆發時，若大量的懸浮微粒漂浮到平流層，可能會阻擋日光導致氣溫下降。然而，由於火山爆發會同時釋放大量的二氧化碳，這反過來又會造成氣溫上升。火山爆發是我們無法控制的自然現象，因此我們別無選擇，只能接受火山爆對二氧化碳排放所造成的影響。

Lesson 〔擴大碳匯〕

53 新植造林、森林保護

本課要點

森林是碳匯的主要來源之一。森林在成長過程中，會從大氣吸收二氧化碳，只要年輕森林增加，大氣中的二氧化碳吸收量也會隨之增加。因此，若要能有效利用森林的吸收能力，進行新植造林、森林保護至關重要。

森林吸收二氧化碳

人類每年排放的二氧化碳，大約有 326 億噸，不過並沒有全數成為大氣中二氧化碳的增加量。這是因為陸地及海洋的碳匯會吸收部分二氧化碳，從而減少空氣中二氧化碳的含量（圖表 53-1）。

在所有碳匯當中，最值得期待的就是森林了。除了要防止森林濫伐之外，也要將吸收力下降的老齡森林更新為年輕森林。

▶ 來自人為的 CO_2 年收支 圖表 53-1

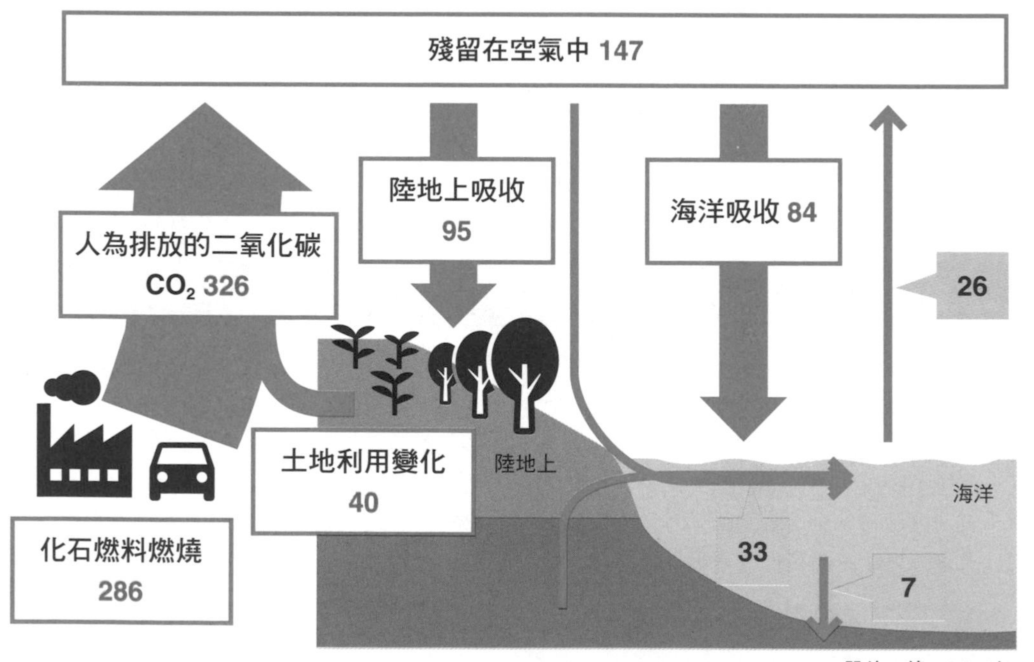

單位：億 t-CO_2/ 年

資料來源：參考氣象廳資料製作

世界各國政府及企業也全力投入新植造林、森林保護

過去，許多企業透過社會企業責任（CSR）等活動投入新植造林與森林保護。這些活動從地方性到全球性，涵蓋範圍十分廣泛，例如熱帶雨林保護活動與沙漠綠化等。與該議題相關的各種活動變得越來越活躍。

放眼全球，亞馬遜等熱帶雨林面積正迅速減少，森林保護成為不容忽視的課題。不過另一方面，有些地區森林面積正在增加。中國是最積極進行新植造林的國家之一。中國政府提出了，從 2005 年至 2030 年為止，森林蓄積量（樹幹體積的總量）要增加 60 億 m^3（立方公尺）的目標。而這遠比日本森林總蓄積量要高出 52 億 m^3。此外，許多世界級企業也加入了新植造林與森林保護的行列。例如歐洲石油天然氣大型公司──殼牌集團，透過在全球各地的新植造林、森林保護活動，開始販售能與企業的二氧化碳排放量相互抵銷的「碳中和液化天然氣」等，將商品戰略納入其業務中（圖表 53-2）。

▶ 碳中和液化天然氣 圖表 53-2

在液化天然氣價值鏈中的 CO_2 排放量 ＝ 透過森林保護、新植造林等吸收的 CO_2

實現淨零排放

透過森林保護所創造出的碳權能抵消整個價值鏈中所排放的溫室氣體，在全球實現淨零排放

資料來源：碳中和液化天然氣網站
https://carbon-neutral-lng.jp/cnl-feature/

重點 防止沙漠化的大型計畫

全球各地都展開了一系列防止沙漠化及土地荒廢的大型綠化計畫。例如中國的戈壁沙漠等綠化活動，在長期間耕耘後有不錯的斬獲；非洲則為了防止撒哈拉沙漠擴大，並企圖讓荒廢的土地恢復原樣，於是在撒哈拉沙漠南部的撒赫爾地區進行長達 8,000km 的土地綠化，稱為「綠色長城」計畫。

維護生物多樣性

從維護生物多樣性這個角度來看，新植造林及森林保護也是很重要的。此外，要實現後續將會提到的 DAC、CCS 及 CCU 技術，通常都需要花費數年的時間。然而，我相信已經有許多企業積極投入新植造林及森林保護了。從維護生物多樣性和執行相對容易的層面來看，新植造林、森林保護在今後將扮演相當重要的角色。

為了保有生物多樣性，採取行動的企業迅速增加中，我想應該有不少企業正為了進行脫碳而感到手忙腳亂吧。儘管超出本書範圍，但關於「保有生物多樣性會帶來商機以及風險」這點，企業也必須理解及留意。

能更長期固定二氧化碳

枯死的樹木會被微生物分解，並釋放成長過程中所儲存的二氧化碳。換句話說，這些固定了數十年的二氧化碳，最終將隨著樹木死亡而釋放到大氣中。

從生命週期角度來看，這似乎達到了碳中和。但應該也有人會認為讓好不容易固定的二氧化碳再次釋放出來太可惜了。於是，將被砍伐的樹木製作做生物炭，將其撒在農地上以固定在土壤的做法，受到人們的注意。

▶ 生物炭 圖表 53-3

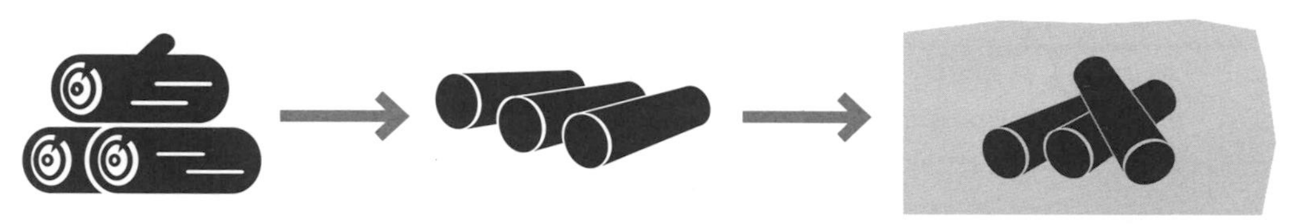

將木材等生物質能轉化成木炭固定在土壤中，可防止樹木分解（碳儲存效果），還具有改善土壤水分滲透性的效果（土壤改良效果）

重點　藍碳備受矚目

「藍碳」是指被海藻及紅樹林等海洋生物吸收的二氧化碳。死亡的藍碳殘骸堆積在海底，將二氧化碳封存於其中。對四周被大海環繞的日本而言，這是一個極具潛力的碳匯。橫濱市就採取了「橫濱藍碳」等行動。

Lesson 54

〔二氧化碳捕捉技術〕

從廢氣及大氣中捕捉二氧化碳

本課要點

為了封存和利用二氧化碳，需要從含有各種氣體的廢氣和大氣中將其分離出來，然後再進行捕捉。世界各地在這方面的研究進展迅速，同時也積極引進各種實證設備。

碳捕捉技術

將二氧化碳分離再捕捉（碳捕捉）的技術有好幾種，目前以化學吸收法為主流，而其他還有物理吸收法、固體吸收法等，足以見得全球都在此領域進行研究與開發（圖表 54-1）。

▶ 碳捕捉技術 圖表 54-1

碳捕捉技術	技術概要
化學吸收法	・利用二氧化碳與吸收劑發生的化學反應進行分離捕捉
物理吸收法	・讓二氧化碳在有機吸收劑中溶解再進行分離捕捉 ・吸收能力依二氧化碳在有機吸收劑中的溶解程度而有所不同
固體吸收法	・透過固體吸收劑來分離捕捉二氧化碳 ・使用浸泡過胺溶液的多孔材料（低溫分離用），以及具有吸收二氧化碳能力的固體吸附劑（高溫分離用），吸收二氧化碳
物理吸附法	・透過對沸石及金屬錯合物等多孔質固體反覆進行升壓、降壓（變壓吸附），或是升溫、降溫（變溫吸附）等達到吸附效果
薄膜分離法	・利用具有分離功能的沸石膜、碳膜、有機膜等薄膜，藉由其具備的滲透性及選擇性，從混合氣體中將二氧化碳分離

資料來源：資源能源廳「碳循環技術藍圖」（2021 年 7 月修訂版）

捕捉廢氣中的二氧化碳

目前人們正努力從發電廠、廢棄物處理場（垃圾焚化廠）、工廠等排放大量廢氣的場域設施中捕捉二氧化碳。這是廢氣在釋放到大氣之前，將二氧化碳分離捕捉的做法。目前，分離與捕捉二氧化碳需要投資建造大型設備，因此降低成本與縮小設備尺寸是尚待解決的課題。另外，確保可以處理捕捉二氧化碳的場所也是挑戰之一。其他還有包括將二氧化碳封存在地層中的 CCS（二氧化碳捕捉與封存，請見 Lesson 55），或是 CCU（二氧化碳捕捉與利用，請見 Lesson 56）等方法。

▶ 佐賀市垃圾焚化廠二氧化碳分離捕捉的設備（2016 年 8 月啟用）圖表 54-2

資料來源：佐賀市生物質能產業推進課「有關二氧化碳分離捕捉事業」

上圖設備是採用化學吸收法（圖表 54-1），每天最多可以分離捕捉 10 噸左右的二氧化碳。捕捉的二氧化碳會用於鄰近蔬菜栽培及藻類培養（即實現二氧化碳捕捉與利用）。

捕捉大氣中二氧化碳的 DAC 技術

從大氣捕捉二氧化碳的方法也有所進步，我們將這種技術稱為直接空氣捕捉（Direct Air Capture，以下簡稱 DAC) 技術。以 圖表 54-2 為例，垃圾焚化廠廢氣中的二氧化碳濃度大概是 12%，大氣中的二氧化碳濃度卻僅僅只有 0.041%（請見 Lesson 1）。即便濃度過低會影響分離和捕捉效率，但就算可捕捉的二氧化碳濃度不高，各國仍積極投入，原因是為了實現全球碳中和，必須將大氣中的二氧化碳捕捉和去除。

DAC 的成本也備受關注。目前以 DAC 方式分離和捕捉 1 噸二氧化碳，需要約 3～6 萬日圓，預計到了 2030 年代應該就能降到 1 萬日圓，2040 年代以後則可降至 2,000 日圓（資源能源廳「碳循環技術藍圖（2021 年 7 月修訂版）」）。只要大幅降低捕捉二氧化碳的成本，就能減少整體社會花費在減少二氧化碳排放方面的成本。儘管是否能實現以降低成本尚不明確，但這是個值得期待的方向。

在開發方面，美國、加拿大、瑞士等國家的企業取得了一定的進展，日本國內也有多家企業和研究機關積極投入參與。

▶ DAC 假想圖 圖表 54-3

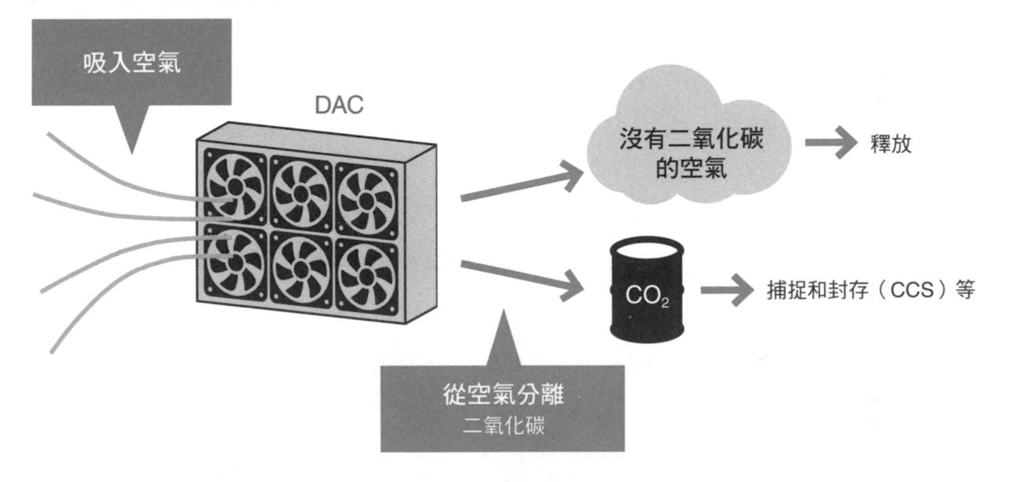

另外，也有捕捉溶解於海水中的二氧化碳之研究。它與 DAC 相同，都是從低濃度來源中捕捉二氧化碳。

Lesson 55 〔二氧化碳封存技術〕

二氧化碳捕捉與封存（CCS）

本課要點

CCS 就是將捕捉後的二氧化碳封存於地層的方法。透過 CCS 可以防止工廠等產生的二氧化碳釋放到大氣中，而且使用不同的人為封存技術，也有可能減少大氣中的二氧化碳。

何謂 CCS？

二氧化碳捕捉與封存（Carbon dioxide Capture and Storage，以下簡稱 CCS）能捕捉廢氣及大氣中的二氧化碳，並將其封存在地層。做法是在空隙較多的砂岩地層（封存層），將二氧化碳灌入岩石縫隙之間。封存層最好選擇上方是二氧化碳無法通過的地層（如泥岩層等）（圖表 55-1）。

因為規定選擇的封存層必須符合「即使發生地震，封存的二氧化碳也不會外漏」的條件，因此，地點的選擇相當關鍵。雖然我們希望能在火力發電廠附設 CCS 設施，但這需要一個封存場所足以應付容納持續捕捉的二氧化碳量。

▶ CCS 流程 圖表 55-1

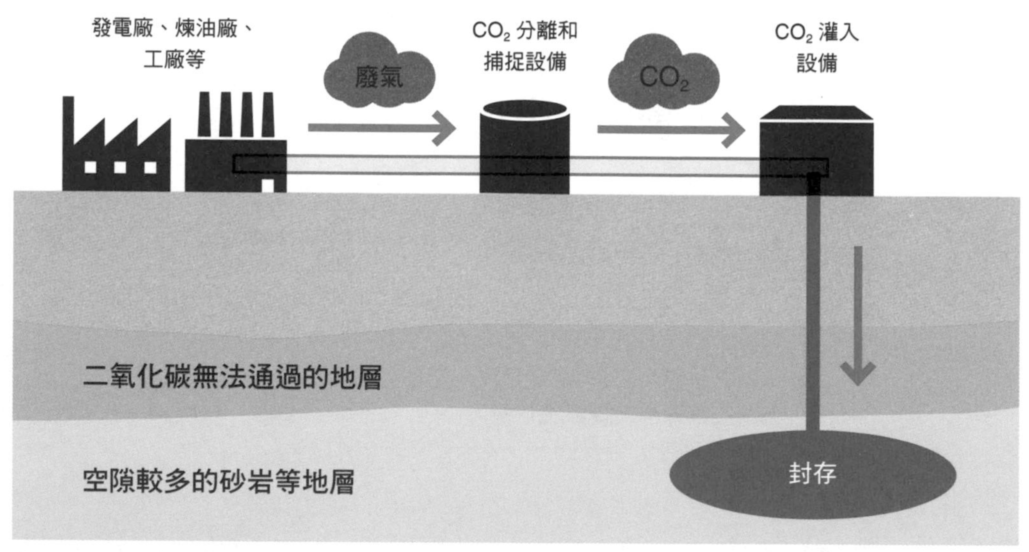

將二氧化碳封存在岩石縫隙之間

CCS 的商業動向

在日本，北海道苫小牧市、廣島縣大崎上島町等皆有進行 CCS 的實證試驗。

在全球其他各地，該技術也正朝著商用化應用的方向發展（圖表 55-3）。例如美國一直在使用強化採油（Enhanced Oil Recovery，EOR）技術，將二氧化碳灌入油田和天然氣田，有效提高原油及天然氣的收集量。雖然二氧化碳會隨著原油再次回到地表，但有一部分的二氧化碳會被固定在油田和天然氣田中。即使油田和天然氣田已無法生產原油或天然氣，它們仍然可以用做二氧化碳封存地。在歐洲，挪威有意承包二氧化碳的處理。他們計劃以北歐最大的能源企業 Equinor ASA 等為中心，將在歐洲收集到的二氧化碳以船運或管線輸送的方式送到挪威封存。

變成負排放的 DACCS、BECCS

所謂負排放指的是利用人為技術，將大氣中的二氧化碳固定在地層，DACCS 與 BECCS 是兩種常見的技術（圖表 55-2）。DACCS 是「直接空氣捕捉封存」技術，採用 DAC+CCS 方法，直接從大氣中捕捉二氧化碳後封存。而 BECCS 為「生質能與碳捕捉封存」，是從生質能燃燒中捕捉二氧化碳後封存，可以理解為生質能（Bio Energy）+CCS。

特別注意，對燃燒化石燃料所產生的廢氣進行碳捕捉與封存，並無法讓大氣中的二氧化碳減少，因此不算是「負排放」，頂多就是零排放（碳中和）。

▶ DACCS 與 BECCS 圖表 55-2

DACCS

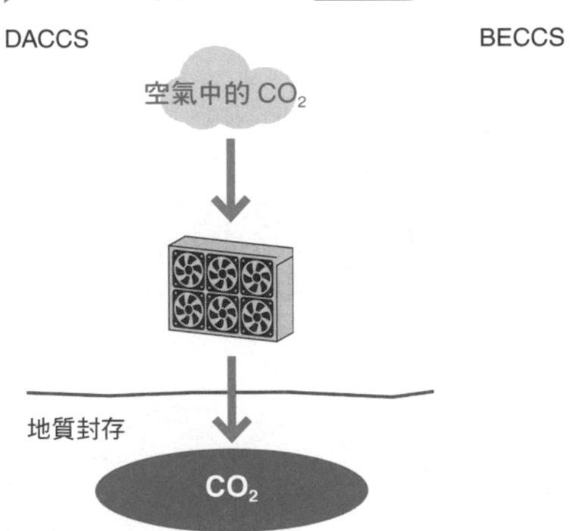

BECCS

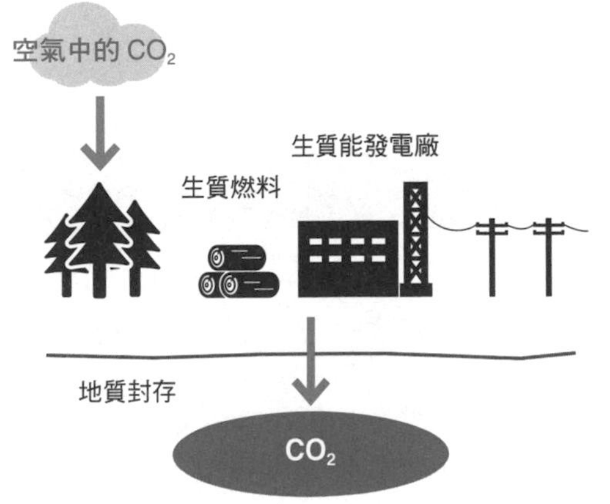

DACCS 與 BECCS 能減少空氣中的二氧化碳（CO_2）

▶ 全球大型商用 CCS 設施專案範例 圖表 55-3

設施、項目名稱	國名	開始營運（預定）年	CO_2 來源	CO_2 捕捉量（萬 t-CO_2/年）	類別
Sleipner CO_2 Storage	挪威	1996	天然氣精煉	100	地質封存（CCS）
Quest	加拿大	2015	氫氣製造	120	地質封存（CCS）
Gorgon Carbon Dioxide Injection	澳洲	2019	天然氣精煉	340~400	地質封存（CCS）
Qatar LNG CCS	卡達	2019	天然氣精煉	220	地質封存（CCS）
Wabash CO2 Sequestration	美國	2022	肥料製造	150~175	地質封存（CCS）
Santos Cooper Basin CCS Project	澳洲	2023	天然氣精煉	170	地質封存（CCS）
Caledonia Clean Energy	英國	2024	發電	300	地質封存（CCS）
Hydrogen 2 Magnum（H2M）	荷蘭	2024	發電	200	地質封存（CCS）
Lake Charles Methanol	美國	2025	化學產品製造	400	地質封存（CCS）
Dry Fork Integrated Commercial Carbon Capture and Storage（CCS）	美國	2025	發電	300	地質封存（CCS）
Barents Blue Clean Ammonia with CCS	挪威	2025	肥料製造	120~200	地質封存（CCS）
Net Zero Teesside-CCGT Facility	英國	2025	發電	170~600	地質封存（CCS）
Abu Dhabi CCS Phase 2: Natural gas processing plant	UAE	2025	天然氣精煉	190~230	地質封存（CCS）

表中所列項目的二氧化碳捕捉量為 100 萬 t-CO_2/ 年以上，且營運時間為 2025 年前
資料來源：參考 GLOBAL CCS INSTITUTE「GLOBAL STATUS OF CCS 2021」製作

重點　儲存二氧化碳場所的價值？

在科幻作家星新一的代表作品《喂──出來！》中，描述某一天一個深不見底的洞穴被發現了。注意到洞穴價值的人，把相互爭論的村民當做傻瓜，果斷地買下了洞穴。之後便開始了奇妙的事業，提供大家「把東西丟到洞穴中」的服務，包括廢棄物、機密文件、犯罪證物、屍體、核廢料……而這個深不可測，可以無限制吞噬東西的無底洞，讓擁有它的人賺了一大筆錢。

回到 CCS，它也需要一個能夠將捕捉到的二氧化碳安全永久封存起來的場所。若某個國家或企業擁有像上述短篇小說中的「無底洞」，能無限制儲存二氧化碳，或許也能夠賺大錢吧！

Lesson 〔二氧化碳利用技術〕

56 二氧化碳捕捉與利用（CCU）

本課要點

CCS 是將二氧化碳捕捉後封存在地層，CCU 是將捕捉的二氧化碳再加以利用。這兩種方法統稱為 CCUS（二氧化碳捕捉、利用與封存），不同之處在於，將二氧化碳捕捉之後的處理方法。現在讓我們一起了解兩者間的差異吧！

何謂利用二氧化碳？

把捕捉的二氧化碳再加以利用的做法十分常見，這個做法稱為「二氧化碳捕捉與利用」（Carbon dioxide Capture and Utilization，以下簡稱 CCU）（圖表 56-1）。在 CCU 中，有將二氧化碳轉換成化學品、燃料、礦物等各種物質的碳循環經濟做法（圖表 56-2）。由於能夠製造的物質種類相當多，因此吸引了具備各種背景的企業參與，進一步推動了研究與開發的進展（圖表 56-3）。甚至不是燃料廠商的企業也會在自家工廠使用二氧化碳來製造燃料，這樣的案例越來越普遍。

此外，還有一些直接利用二氧化碳的方法，例如使用在促進農作物和藻類光合作用及製造乾冰和熔接等方面。

▶ CCUS 的分類 圖表 56-1

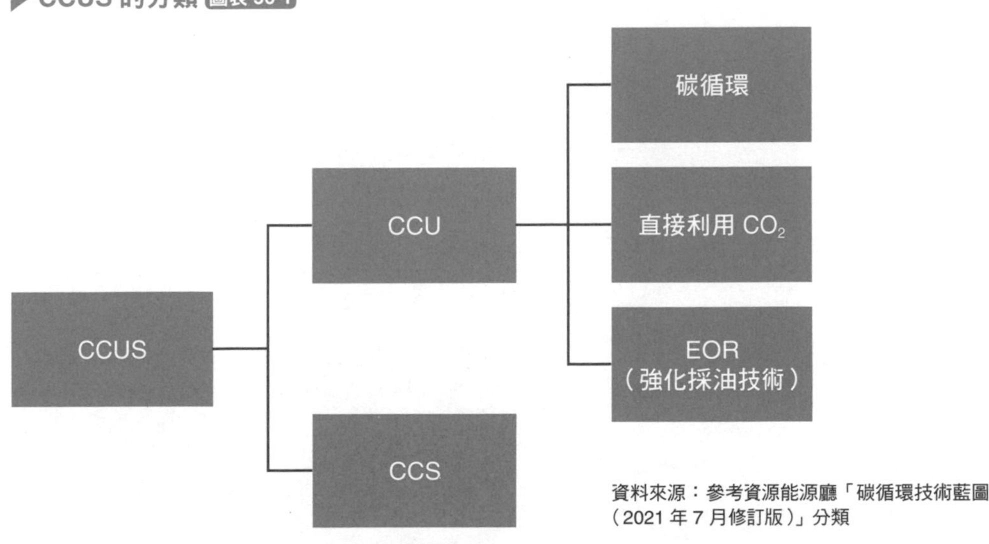

資料來源：參考資源能源廳「碳循環技術藍圖（2021 年 7 月修訂版）」分類

NEXT PAGE →

▶ 碳循環概念 圖表 56-2

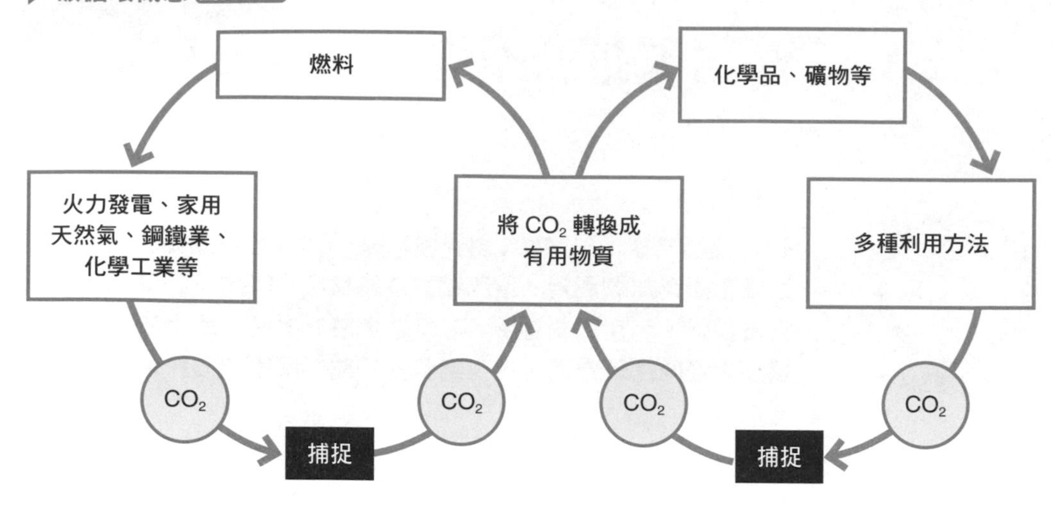

▶ 碳循環的分類 圖表 56-3

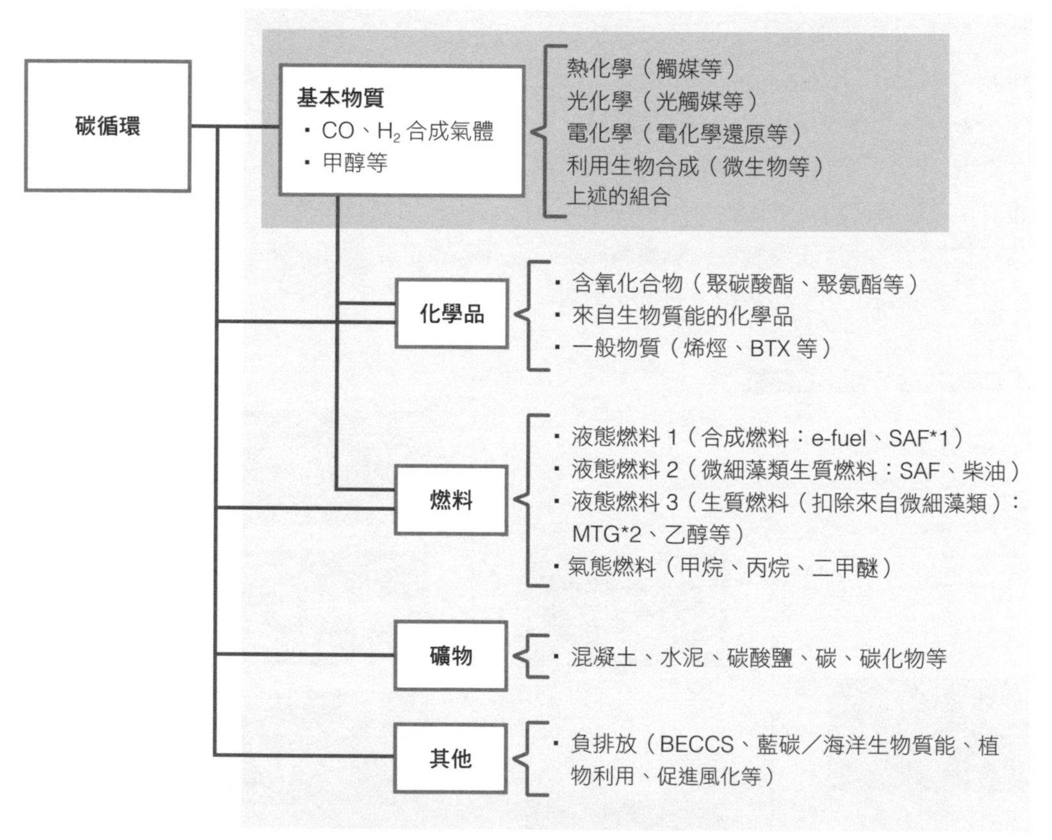

*1 SAF：Sustainable Aviation Fuel（永續發展航空燃料）
*2 MTG：Methanol to Gasoline（從甲醇到汽油製造）
資料來源：資源能源廳「碳循環技術藍圖（2021 年 7 月修訂版）」

天然氣產業界所期待的甲烷化技術

「一般社團法人日本天然氣協會」是由日本國內天然氣公司所組成的業界團體，其以實現 2050 年家用天然氣碳中和為目標，並描繪出利用甲烷化技術來滿足九成使用量之藍圖（請見 Lesson 46）。

甲烷是成為家用天然氣主要成分的一種燃料，甲烷化則是一種將二氧化碳與氫氣轉化為甲烷（CH_4）的氫化過程（合成甲烷）。雖然氫氣也可以直接做為燃料，但利用甲烷化技術，就可以直接使用原有家用天然氣的管線及家中已安裝的天然氣用品，便利性更高。

▶ 甲烷化 圖表 56-4

$$CO_2 + 4H_2 \rightarrow CH_4 + 2H_2O$$

氫氣　甲烷　水

二氧化碳減量效果的差異

即使我們努力捕捉和封存二氧化碳，但如果排放量依然持續增加，那麼二氧化碳減排效果就很有限。因此，能夠長期固定二氧化碳的能力變得至關重要。CCS 能將二氧化碳長期封存在地層，避免它再次釋放到大氣中。然而，如果採用 CCU 將二氧化碳轉化為燃料，那麼，數年後二氧化碳可能又會在使用過程中被釋放出來。在 CCU 中，二氧化碳減排效果根據不同的利用方式而有所差異。因此，在採用 CCU 時，必須先考慮如何利用二氧化碳，以獲得最有效的碳減排效果。

▶ 介紹各種碳循環作法的影片 圖表 56-5

資料來源：NEDO「碳循環特別影片」（2022 年 1 月 19 日公開）
https://www.youtube.com/watch?v=37wEo3aG1SA

Lesson 〔碳交易〕

57 碳抵換機制

本課要點

需要購買碳權來彌補超額的排放量，像這類的需求越來越多，因此碳交易機制應運而生。這些機制有由公家機構經營和認證，也有由民間獨立機構成立及運作。

碳抵換

第三方機構對節能、再生能源引進、新植造林、森林保護等與減少二氧化碳排放量相關項目進行認證，經認證的減量額度即可當做碳權來進行交易。購買者依碳價支付金額，以換取相應的減量額度。這與再生能源憑證（請見Lesson 33）做法類似。

支持他人的減排努力

企業希望實現減少二氧化碳排放量的難易度取決於具體條件，包括產業類別、所在國家地區、資金、技術、和人力資源等。有些公司即使希望達到零排放，但由於各種限制，減碳量還是有限，而有些企業減排潛力大，卻沒有充分利用，實在可惜。因此，碳抵換機制的設立旨在支持其他企業或組織減少二氧化碳排放，並將減少的二氧化碳排放量轉化成碳權，透過市場交易機制獲得相應的經濟回報（圖表 57-1）。只要這套機制能發揮適當功能，就能進一步減少更多二氧化碳的排放，從而促進市場發展並增加交易量。

▶ 碳抵換假想圖 圖表 57-1

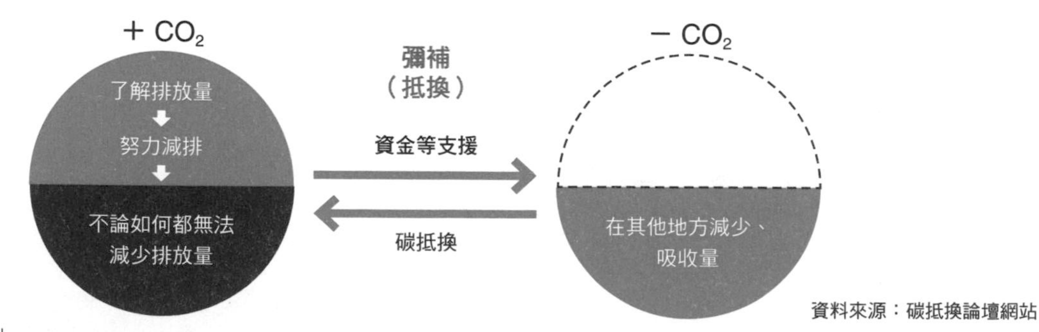

資料來源：碳抵換論壇網站

日本碳抵換額度（J-Credit）

在日本有由經濟產業省公家機關等推動的日本碳抵換額度機制。被此機制認可的方法學超過 60 個（圖表 57-2）。企業以這些方法學為基礎，實際執行後所創造出的碳抵換額度是可以自由交易的。

日本碳抵換額度認可的方法學（截至 2022 年 1 月）圖表 57-2

節能
鍋爐導入
熱泵導入
空調設備導入
針對泵和風機間歇運行控制、變頻器控制或數量控制導入
照明設備導入
熱電聯產導入
變壓器更新
從擁有外部高效熱源設備的業者轉換為熱源供給業者
利用未利用的餘熱發電
利用未使用的餘熱做為熱源
純電動車和插電式動力混合車的導入
利用 IT 提高丙烷氣輸送效率
利用 IT 減少抄表
自動販賣機的導入
冷凍冷藏設備的導入
鑄鐵軋輥更新
LNG 燃料船和電動船的導入
以廢棄物衍生燃料替代化石燃料或系統電力
更新泵浦、風扇
升級為電動建設機器及產業車輛
生產設備更新（機床、沖壓機、注塑機、壓鑄機、工業爐或乾燥設備）
引進和使用數位行車紀錄器及其他設備來支援環保駕駛
電視接收器更新
升級為混合動力工程機械和工業車輛
天然氣汽車導入
印刷機更新

再生能源
用生物質固體燃料（木質生物質）替代化石燃料或系統電力
太陽能發電設備的導入
引進使用可再生能源熱能的熱源設備
使用生物液體燃料（BDF、生物乙醇、生物油）替代化石燃料或系統電力
用生物質固體燃料（廢棄物衍生生物質）替代化石燃料或系統電力
水力發電設施的導入
以沼氣（厭氧發酵產生的甲烷氣體）替代化石燃料或系統電力
風力發電設備的導入
引進使用可再生能源熱能的發電設備

工業流程
更換鎂溶解鑄造用覆蓋氣
引進麻醉用 N_2O 氣體的回收分解系統
液晶 TFT 陣列製程中，使用氣體從 SF6 換成 COF2
不使用溫室氣體絕緣開關設備
減少機器設備維護時所使用的清潔噴霧劑產生的溫室氣體

農業
進行胺基酸平衡調整以改善餵養牛、豬和雞的飼料
畜禽糞便管理方法的改變
生物炭的農業應用

廢棄物
透過使用微生物活化劑減少污泥體積，進而減少焚燒時所需化石燃料
將廚餘等的處理方法從填埋改為堆肥

森林
森林管理活動
植樹活動

▶ 碳抵換額度概念（設備更新有助於節能時）圖表 57-3

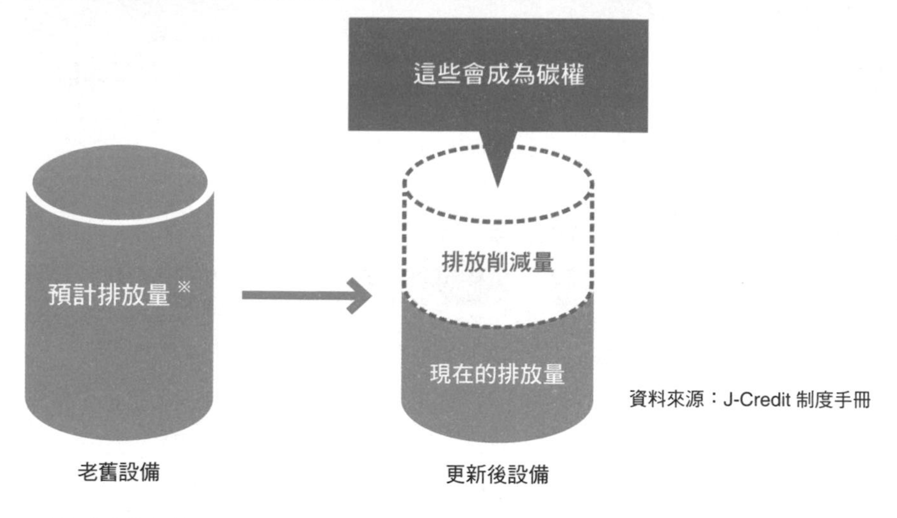

※ 使用舊設備來應對更新後設備的輸出（如產生的熱量、發電量等）之預期排放量

國際碳抵換

碳權也可以跨越國境進行交易。這個項目涉及在海外所進行的二氧化碳排放減量行動，將碳權分配給在資金或技術方面有所貢獻的參與者及國家。另外，自願性市場的碳抵換也有由民間機關來主導，不受公家機構掌控的機制（圖表 57-4）。

透過碳抵換抵減自己的減量義務之適用範圍，因個案而有差異。有些適用於國家自訂貢獻（NDC），有些則不適用。同樣地，對企業而言也有適用於國內法規和交易制度，以及不適用者。詳細的內容仍在討論中，值得我們密切留意其發展。

▶ 碳抵換機制 圖表 57-4

日本政府主導	國內制度	・日本碳抵換額度制度
	兩國間	・聯合抵換機制（JCM）
	聯合國主導	・清潔發展機制（CDM） ・CDM 後續機制
NGO、民間機構主導		・自願性市場碳抵換（VCS、Gold Standard 等）

碳權有許多種類，十分複雜。
使用時需要先確認是否能獲得
預期中的效果。

重點　總量管制與排放交易

常見的碳交易方式有兩種：基線與信用交易（Baseline and Credit，BAC）、總量管制與排放交易（Cap and Trade，CAT）。BAC 交易的碳權是「自願減量額度（Credit）」；CAT 交易的碳權則是「排放額度（Allowance）」。

在 CAT 交易機制中，政府針對納管企業設定了排放總量，只要沒超過排放量上限，企業可將多餘的部分賣給其他公司。反之，若超出排放量上限，那麼超出的部分就得向其他公司購買，不理會排放量超標問題將受到懲罰（圖表 57-5）。

歐洲、中國及美國加州的強制性交易機制相當有名。在日本，東京都與埼玉縣則針對大型企業實行了強制性交易機制。至於全國性的交易機制則由 2022 年「GX（Green Transformation）聯盟」開始，聯盟由企業與機構自願性加入（編注）。

GX 聯盟是由日本經濟產業省在 2022 年所提出的倡議，旨在推動「經濟社會系統變革」以實現碳中和。根據經濟產業省的說明，積極參與 GX 的企業群體必須與來自官方、學術和金融領域的 GX 參與者合作，將 GX 聯盟視為推動整個社會經濟系統變革，以及創造新市場的平台（編注）。

▶ 排放交易假想圖 圖表 57-5

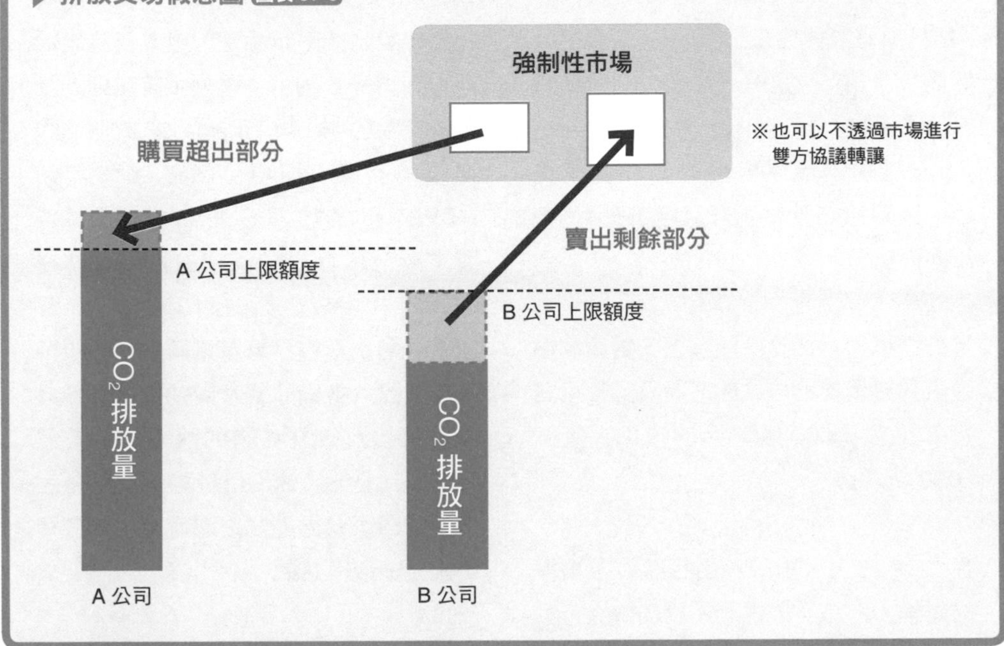

編注：總量管制排放交易形成的碳市場稱為「強制性市場」，碳抵換機制形成的碳市場稱為「自願性市場」。日本尚未實施國家全範圍的強制性碳交易機制

編注：台灣尚未實施強制性的總量管制。台灣碳權交易所於 2023 年 8 月正式揭牌，著重於自願性市場的碳權交易；同年 12 月啟動國際碳權交易平台，以國外碳權作為交易標的；2024 年計畫建置國內減量額度交易平台

專欄

COP26 的協議與決定

「聯合國氣候變化綱要公約」第 26 屆締約方大會（COP26）從 2021 年 10 月 31 日起至 11 月 13 日為止，於英國蘇格蘭格拉斯哥舉辦。從 1995 年開始，COP 每年即由不同國家舉辦，2020 因 COVID-19 新冠疫情而停辦，兩年之後以實體的方式舉辦。在 COP26 上，各國就《巴黎協定》進行討論，最後達成幾項協議與決定。

COP26 的協議之一，就是確立將全球升溫控制在 1.5℃以內的目標。根據《格拉斯哥氣候協議》（環境省暫譯）內容表示，「締約國一致認同，相較於將升溫控制在 2℃以內，將升溫控制在 1.5℃以內對氣候變遷帶來的影響更小，所以承諾持續為升溫控制在 1.5℃以內而努力」。

另外，也同意加強已開發國家對開發中國家的資金援助。這些已開發國家承諾每年提供 1,000 億美金的援助，直到 2050 年為止。

在 COP26 上，對碳利用也進行了積極的討論。協議書中提到「要加快進行排放減量對策中，未包含的逐步減少（Phase Down）火力發電及逐步減少無效率的化石燃料補助這兩點」。實際上在主席的提案中，原本使用逐步淘汰（Phase Out）而不是逐步減少（Phase Down）字眼，但因印度及中國等國反對而妥協變更。另外，在協議中關於各國提出 2025 年以後的溫室氣體減量目標，建議在 2025 年報告 2035 年的目標，2030 年報告 2040 年的目標，之後每隔 5 年提出一次。

此外，針對《巴黎協定》第 6 條實施規則也獲得一致同意。這項實施規則涉及到碳交易機制，與 Lesson 57 說明的國際規範有關。這項協議在 2018 年的 COP24 和 2019 年 COP25 中，由於各國意見分歧而歷經兩次失敗，最終在 COP26 上拍板定案。在 COP26 上，各國就「防止重複計算減排數量」的規則達成共識，並同意國家間的碳抵換減排額度可以反映在各國的國家自訂貢獻（NDC）上。另外，也針對《京都議定書》的清潔發展機制之過渡方法等各種實施規則取得共識。

隨著《巴黎協定》第 6 條的實施規則終於拍板定案，我們可以預期碳權交易將持續擴大。

好懂易讀

淨零轉型第一本書

一次看懂淨零、碳中和、氣候中和、碳交易、SDGs、氣候變遷及能源轉型

作　　者：藤本峰雄、松田有希、丸田昭輝
譯　　者：張秀慧
封面設計：謝彥如
特約編輯：呂芝萍、呂芝怡

社　　長：洪美華
總 編 輯：莊佩璇
主　　編：何　喬
出　　版：幸福綠光股份有限公司
地　　址：台北市杭州南路一段 63 號 9 樓之 1
電　　話：（02）23925338
傳　　真：（02）23925380
網　　址：www.thirdnature.com.tw
E-mail：reader@thirdnature.com.tw
排版／印製：中原造像股份有限公司
初　　版：2024 年 6 月
郵撥帳號：50130123 幸福綠光股份有限公司
定　　價：新台幣 450 元（平裝）

國家圖書館出版品預行編目資料

淨零轉型第一本書／藤本峰雄、松田有希、丸田昭輝著, 張秀慧譯 -- 初版 . -- 臺北市：幸福綠光 , 2024.06
面；　公分

いちばんやさしい脱炭素社会の教本人気講師が教えるカーボンニュートラルの最前線

ISBN　978-626-7254-46-2（平裝）

1. 碳排放　2. 再生能源　3. 環境保護

445.92　　113005892

ISBN 978-626-7254-46-2

總經銷：聯合發行股份有限公司
新北市新店區寶橋路 235 巷 6 弄 6 號 2 樓
電話：（02）29178022　　傳真：（02）29156275